解 读 地 球 密 码

丛书主编　孔庆友

天然奇石

观赏石

Ornamental Stone
The Natural Rare Stone

本书主编　石业迎　韩代成　潘泉波

山东科学技术出版社

·济南·

图书在版编目（CIP）数据

天然奇石——观赏石 / 石业迎，韩代成，潘泉波主编.
-- 济南：山东科学技术出版社，2016.6（2023.4重印）
（解读地球密码）
ISBN 978-7-5331-8373-8

Ⅰ.①天… Ⅱ.①石… ②韩… ③潘… Ⅲ.①观
赏型—石—普及读物 Ⅳ.① TS933.21-49

中国版本图书馆 CIP 数据核字（2016）第 141410 号

丛书主编　孔庆友
本书主编　石业迎　韩代成　潘泉波

天然奇石——观赏石
TIANRAN QISHI——GUANSHANGSHI

责任编辑：赵　旭
装帧设计：魏　然

主管单位：**山东出版传媒股份有限公司**
出 版 者：**山东科学技术出版社**
　　　　　地址：济南市市中区舜耕路 517 号
　　　　　邮编：250003　电话：（0531）82098088
　　　　　网址：www.lkj.com.cn
　　　　　电子邮件：sdkj@sdcbcm.com
发 行 者：**山东科学技术出版社**
　　　　　地址：济南市市中区舜耕路 517 号
　　　　　邮编：250003　电话：（0531）82098067
印 刷 者：**三河市嵩川印刷有限公司**
　　　　　地址：三河市杨庄镇肖庄子
　　　　　邮编：065200　电话：（0316）3650395

规格：16 开（185 mm×240 mm）
印张：7　字数：126 千
版次：2016 年 6 月第 1 版　印次：2023 年 4 月第 4 次印刷
定　价：35.00 元

审图号：GS（2017）1091 号

普及地质科学知识
提高民族科学素质

李廷栋
2016年元月

传播地学知识，弘扬科学精神，
践行绿色发展观，为建设
美好地球村而努力。

瞿铭生
2015年10月

贺　词

　　自然资源、自然环境、自然灾害，这些人类面临的重大课题都与地学密切相关，山东同仁编著的《解读地球密码》科普丛书以地学原理和地质事实科学、真实、通俗地回答了公众关心的问题。相信其出版对于普及地学知识，提高全民科学素质，具有重大意义，并将促进我国地学科普事业的发展。

国土资源部总工程师

　　编辑出版《解读地球密码》科普丛书，举行业之力，集众家之言，解地球之理，展齐鲁之貌，结地学之果，蔚为大观，实为壮举，必将广布社会，流传长远。人类只有一个地球，只有认识地球、热爱地球，才能保护地球、珍惜地球，使人地合一、时空长存、宇宙永昌、乾坤安宁。

山东省国土资源厅副厅长

编著者寄语

★ 地学是关于地球科学的学问。它是数、理、化、天、地、生、农、工、医九大学科之一，既是一门基础科学，也是一门应用科学。

★ 地球是我们的生存之地、衣食之源。地学与人类的生产生活和经济社会可持续发展紧密相连。

★ 以地学理论说清道理，以地质现象揭秘释惑，以地学领域广采博引，是本丛书最大的特色。

★ 普及地球科学知识，提高全民科学素质，突出科学性、知识性和趣味性，是编著者的应尽责任和共同愿望。

★ 本丛书参考了大量资料和网络信息，得到了诸作者、有关网站和单位的热情帮助和鼎力支持，在此一并表示由衷谢意！

科学指导

李廷栋 中国科学院院士、著名地质学家
翟裕生 中国科学院院士、著名矿床学家

编著委员会

主　　任	刘俭朴	李　琥			
副 主 任	张庆坤	王桂鹏	徐军祥	刘祥元	武旭仁	屈绍东
	刘兴旺	杜长征	侯成桥	臧桂茂	刘圣刚	孟祥军
主　　编	孔庆友				
副 主 编	张天祯	方宝明	于学峰	张鲁府	常允新	刘书才
编　　委	（以姓氏笔画为序）				

卫　伟	王　经	王世进	王光信	王来明	王怀洪
王学尧	王德敬	方　明	方庆海	左晓敏	石业迎
冯克印	邢　锋	邢俊昊	曲延波	吕大炜	吕晓亮
朱友强	刘小琼	刘凤臣	刘洪亮	刘海泉	刘继太
刘瑞华	孙　斌	杜圣贤	李　壮	李大鹏	李玉章
李金镇	李香臣	李勇普	杨丽芝	吴国栋	宋志勇
宋明春	宋香锁	宋晓媚	张　峰	张　震	张永伟
张作金	张春池	张增奇	陈　军	陈　诚	陈国栋
范士彦	郑福华	赵　琳	赵书泉	郝兴中	郝言平
胡　戈	胡智勇	侯明兰	姜文娟	祝德成	姚春梅
贺　敬	徐　品	高树学	高善坤	郭加朋	郭宝奎
梁吉坡	董　强	韩代成	颜景生	潘拥军	戴广凯

编辑统筹 宋晓媚　左晓敏

目 录
CONTENTS

Part 2 观赏石成因揭秘

矿物瑰宝——矿物晶体类观赏石的成因/21

观赏石的矿物主要是固态出现的矿物晶体，包括单晶、双晶和晶簇。晶体主要是由结晶作用形成的，也可以通过化学反应或不同结晶相互之间的转变而产生新的晶体。

鬼斧神工——岩石类观赏石的成因/26

在不同地质营力作用下形成不同矿物、岩石类别的观赏石。形成观赏石的岩石按照成因分为岩浆岩、沉积岩及变质岩三大类。每类岩石根据其矿物成分、结构构造等特征又可分出许多岩石种类。

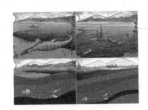

生命密码——古生物化石类观赏石的成因/32

地质历史时期的古生物遗体或遗迹在被沉积埋藏后，可以随着漫长地质年代中沉积物的成岩过程石化成化石。化石的形成及保存首先需要一定的生物自身条件、特征和一定的埋藏条件。时间因素和沉积物的成岩作用在化石的形成过程中也是必不可少的。

天外来客——陨石类观赏石的成因/34

陨石是地球以外未燃尽的宇宙流星或尘埃碎片脱离原有运行轨道散落到地球或其他行星表面的石质的、铁质的或是石铁混合的物质，也称"陨星"。大多数陨石来自于火星和木星之间的小行星带。

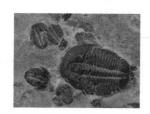

生物精灵——生物礁观赏石的成因/35

生物礁观赏石主要是指珊瑚礁。珊瑚礁的主体是由珊瑚虫分泌的碳酸钙组成的，主要矿物是方解石，少量为岩石碎屑及有机质。珊瑚虫是海洋中的一种腔肠动物，分泌出钙质，变为自己生存的外壳。这些钙质外壳就是珊瑚石，大量的珊瑚石形成了绚丽多彩的生物礁。

Part 3 中国观赏石

中国观赏石的类型与分布/37

中国是世界观赏石大国，其观赏石文化源远流长，具有浓厚的传统文化特色。改革开放以来，逐渐融入西方的赏石风格，内容更为丰富，已具有分布广泛，种类繁多的鲜明特色。

中国主要观赏石/41

我国幅员辽阔，观赏石资源种类丰富，著名的有辰砂、方解石、太湖石、灵璧石、昆石、英石等。

Part 4 山东观赏石

山东观赏石的类型与分布/60

齐鲁大地，山川锦绣，观赏石资源十分丰富。其中尤以鲁中山区及胶东地区储量大、品种多、色质俱佳。

山东主要观赏石/62

　　山东著名的观赏石有泰山石、崂山绿石、竹叶石、长岛球石、紫金石、文石、彩石、金钱石、恐龙化石、三叶虫化石等。

观赏石鉴藏

观赏石鉴赏/79

　　鉴赏是人们对观赏石艺术形象的感受、理解和评判的过程。离开人们的鉴赏活动，观赏石作品便无从发挥其社会作用。观赏石鉴赏有十大标准（皱、漏、瘦、透、丑、色、质、形、纹、韵）和五大鉴赏方式（目鉴、手鉴、耳鉴、鼻鉴、心鉴）。

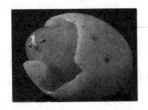

观赏石收藏/84

　　收藏是赏石的延续，是人的文化品位的整体体现。收藏稀有的融艺术性和科学性为一体的观赏石已成为一种高雅的时尚和一种高层次的享受。观赏石收藏不但要遵循收藏原则，还要讲究收藏方法，当然收藏的益处亦是多多。

Part 6　观赏石文化赏析

中国赏石文化历史/89

　　赏石文化历史悠久，始于魏晋，兴盛于唐宋，衰落于元，复兴于明清，发展于近现代，壮大于当代。中国的赏石文化源远流长，历史悠久，经历了从孕育到兴旺的发展过程。

中国赏石文化理念/91

　　中国古代以文人士大夫为主流群体的赏石文化，其思想根源离不开以道儒释哲学为主体的背景，其审美理念起源于崇拜自然山水的情怀。

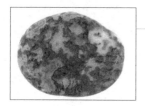

中外赏石文化的差异/93

　　中国赏石注重主观体验，形象思维，讲求诗情画意；西方赏石则强调直观感受，逻辑思维，探求成因机理。中国赏石提倡抚玩品赏，人石交融；而西方赏石只适远观陈列，不宜近取把玩。两者的截然不同，是因各自的自然环境、文化背景及生活习惯诸方面的差异而造成的。

地学知识窗

Part 1 观赏石知识简介

观赏石是大自然的杰作，除陨石和现代海洋里的珊瑚（礁）外，其他类型观赏石的形成都与地质作用有关，其本质具有自然属性。观赏石有着悠久的历史和丰富的文化内涵，历史上曾有过不少名石和观赏石痴迷者，从这个角度讲，观赏石又具有人文属性。

对观赏石的分类可谓仁者见仁，智者见智，这也是产生多种分类方法的根本原因。

什么是观赏石

顾名思义，观赏石是指具有观赏价值的石体，更确切地说，观赏石是指能够从自然界采集，并具有观赏、陈列和收藏价值的天然石质艺术品。观赏石艺自天成，贵在天然，一般情况下是不需要人工处理的，但有时则需稍加修饰，如有些玛瑙（图1-1），其天然之美被表皮所掩盖，只有经过切割、打磨，才能使其美妙的纹理或图案充分展现出来。总之，作为观赏石，无论其纹理、图案，还是奇特的外部造型，都应保持或基本保持天然艺术状态。

从观赏石的定义不难看出，观赏石应该满足以下三个条件：一是自然形成，没有人为的刻意雕琢。这是划分观赏石与工艺品的界限。举例来说，著名的青田石雕、寿山石雕、和田玉雕，以及宝石戒面、项链等虽也是天然形成的极具观赏价值的岩石和矿物，但它们是由人工刻意雕琢的，当属工艺品、装饰品之列，不能称作观赏石；二是便于收藏、陈列。自然界有许多奇峰异石，如广西桂林、安徽黄山、广东丹霞山、贵州织金洞等，当属大自然美轮美奂的杰作，它们是一种地貌或自然景观，并有一些专门的名称，如喀斯特地貌、丹霞地貌等，我们不可能

▶ 图1-1　玛瑙观赏石

把它们采集下来置之于书房客厅；三是要有观赏价值，这是观赏石区别于一般石头的界限。

观赏石有哪些特征

观赏石主要有以下特征：

一是天然性。这是观赏石的基本属性。观赏石美在自然，妙在天成，它是大自然造化的瑰宝：风之蚀，水之磨，浪之琢，年年岁岁，岁岁年年。

二是观赏性。这是观赏石的本质特征。观赏石必须具有一定的观赏价值，它要美观，要奇特，不美不奇不能做观赏石。造型石形象逼真、惟妙惟肖；图纹石写生写意。观赏石在色彩、形态、质地、纹理、图案、内部特征等方面常表现出妙趣横生或生动形象等特点。被誉为"立体的画，无声的诗"，足见观赏石之美和奇。

三是稀有性。收藏有一条法则，叫作"物以稀为贵"。观赏石的稀有性是由它的天然性决定的，石是遍地皆有的物体，但观赏石却是其中十分稀少的部分，万千的石头中，真正能称得上为观赏石的可谓沧海一粟。同时，每一件观赏石，都是在特定的地质地理环境中形成的，所以世上没有完全相同的两件观赏石，致使每件观赏石都是独一无二的，所以是十分珍稀的。

四是广泛性。观赏石的广泛性包括三个方面：一是品种广泛，观赏石的品种多种多样，有各种矿物、造型石、纹理石等等；二是分布地域广泛，世界上有石头的地方，几乎都有出产观赏石的可能性；三是观赏角度广泛，同一石种可用多种方式进行观赏。如和田奇玉中，有的可以从画面角度欣赏；有的可以从形状角度欣赏；有的可以从质地角度欣赏；有的可以从色彩角度欣赏。

五是文化属性。观赏石既是一种客观存在的实体，又是人们的一种精神寄托。以天然观赏石为观赏对象，注重人文内涵和哲理，有比较抽象的理念和人格化的感情色彩。追求形神兼备、点石成金、出神入化的神奇与辉煌，是一种发现艺术，一种心境艺术，是中华传统文化（信念、情感、哲理、人生观、价值观）在观赏石领域中的反映与延伸。

六是亘古性。观赏石是最古老的，也是寿命最长的天然艺术品。它是天然的岩石、矿物矿石和化石，浑然天成，主要由各种地质作用形成，它具有天然石质的坚韧和硬度，因而观赏石能经久不变，可以广泛流传、代代承袭。

七是经济性。观赏石已作为一种特殊商品走向市场，进行交易（珍稀古生物化石除外），给赏石活动拓宽了广度，赋予新的内容。赏石中有交易，交易中有赏石，交易带动了赏石，赏石促进了交易，赏石致富，以石富民。

观赏石如何分类

观赏石的产出形式多样，种类繁多，造型奇特，独具风格。在收藏、欣赏、研究、开发、交流和销售中都难免会接触到观赏石的分类问题。对于观赏石的分类，自古以来各地众说纷纭，有的以岩石种类命名分类；有的以为造园点缀、几案摆设、佩戴装饰命名分类；有的以产地命名分类；有的以形态、图案命名分类等等。目前国内外尚无规范统一和完善的分类标准。本书按照地质学原理将观赏石分为矿物晶体类、岩石类、古生物化石类、陨石类及生物礁五大类。

一、矿物晶体类观赏石

矿物是由地质作用所形成的天然单质或化合物，它们具有相对固定的化学组成和内部结构，在一定的物理化学条件范围内稳定，是组成岩石和矿石的基本单

——地学知识窗——

晶体

晶体是内部质点（原子、离子）在三维空间周期性重复排列（即有序排列）的固体。由于质点呈有序排列，晶体内部就具有格子构造，称为晶体结构。不同晶体，其质点种类不同，质点的排列方向和间距不同，因而具有不同的晶体结构。

元。矿物的种类很多，有红色矛头状的辰砂、柱状晶体或者成为晶簇的雄黄、有棕黑色厚板状晶体的黑钨矿、也有以集合体出现的孔雀石、长柱状透明或半透明的水晶、块状和薄片状的自然金、螺旋状和树枝状的自然银以及不同颜色的玛瑙等等。欣赏矿物晶体，主要是看它的颜色组合、晶体的完整性和品种的名贵程度三个方面，有时一些矿物本身并不名贵，但是当它们集合在一起，成为多种颜色的晶簇时，这样的组合往往就会成为观赏石中的精品。矿物分为晶质矿物和非晶质矿物。绝大部分的固体矿物都是晶体，矿物晶体以完美的晶型、晶簇、美丽的色泽、晶莹的透明度，以及产量较少不易获得而受到国内外人士的喜爱。矿物晶体观赏石资源丰富，种类很多，包括单晶体、连晶、晶簇（同种矿物晶簇和不同矿物晶体的组合）。

1. 矿物单晶体

指那些形态完美，或色泽艳丽，或晶莹剔透的矿物单晶体，如柱状水晶和绿柱石、立方体黄铁矿（图1-2）、菱形十二面体石榴子石等。当晶体中含有特殊包裹体时，更具有观赏价值，如发晶（图1-3）、水胆绿柱石等。

▲ 图1-2　绿柱石单晶（左）和黄铁矿单晶（右）

▶ 图1-3　发晶

2. 平行连晶和双晶

从晶体内部结构的连续性看，平行连晶是单晶体的一种特殊形式，与双晶不同。但从平行连晶的外部形态看，它与双晶有着同样的形态美，故将平行连晶与双晶划归一类，外观上它们都表现为两个或两个以上的同种矿物晶体，规则连生在一起，如柱状水晶的平行连晶（图1-4）、八面体磁铁矿的平行连晶，石膏的燕尾双晶、金绿宝石的轮式双晶（图1-5）、十字石的十字贯穿双晶等。

▲ 图1-4　水晶的平行连晶

▲ 图1-5　金绿宝石的轮式双晶

3. 晶簇

由生长在同一基底上的若干个晶体组成，形成晶体群。组成晶簇的晶体，可以是同一种矿物的晶体，如水晶晶簇。也可以是两种或两种以上矿物的晶体，如水晶、蓝铜矿（图1-6）、雄黄—雌黄—方解石晶簇、萤石—方铅矿—石英晶簇（图1-7）等。

△ 图1-7 萤石—方铅矿—石英晶簇

4. 非晶质体

其内部质点在三维空间不成周期性重复排列的固体，它们没有规则的几何多面体外形。由胶体粒子（一个胶体粒子包括一个、几个或更多分子）凝聚而成的胶凝体就属于非晶质体，如蛋白石（图1-8）、玛瑙等。

△ 图1-6 蓝铜矿晶簇

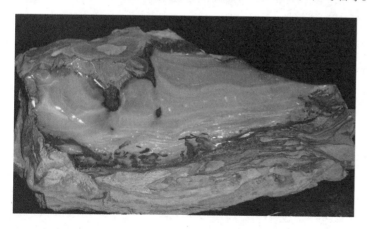

◁ 图1-8 蛋白石

二、岩石类观赏石

岩石是由一种或多种矿物组成的天然集合体，它们具有不同的结构和构造。当岩石天然形成或由于后期改造（各种地质作用）而具有奇特的造型、美丽的纹理、具有具象或抽象的图案，即具有观赏价值时，就成了观赏石。岩石类观赏石品种多、数量大，在我国藏玩者较多。按照岩石学分类，岩石类观赏石又分为岩浆岩类观赏石、变质岩类观赏石和沉积岩类观赏石。

1. 岩浆岩类观赏石

岩浆岩类观赏石是指石质是岩浆岩的观赏石。岩浆岩包括未露出地表的侵入岩和溢出地表或喷发而出形成的火山岩。由于火山岩在冷凝过程中岩体上易形成许多气孔，容易被其他多种矿物填充而形成丰富的图案，极具观赏价值，因此，岩浆岩类观赏石大多数为火山岩，主要有玄武岩、安山岩、流纹岩等。

（1）辉长岩—玄武岩类观赏石

玄武岩的岩洞、岩流、岩被、岩枕、岩绳都是珍贵的观赏石，著名的梨皮石（图1-9）和黑石（图1-10）属玄武岩观赏石。

（2）闪长岩—安山岩类观赏石

安山岩多呈灰紫色、紫褐色等，通

△ 图1-9 梨皮石

△ 图1-10 普陀黑石

常具斑状结构，多具气孔、杏仁状构造。著名的梅花石就是气孔或杏仁状安山岩。当安山岩中的气孔被含铁的玛瑙填充时，则为红色；被绿帘石填充时，则为黄绿色；被方解石英石填充时，则为白色或透明。这些气孔多为圆形、椭圆形，类似梅花的花朵。岩体的气孔间常有细微的裂隙，也被矿物所填充，便成了梅花的枝干。有枝有花，便形成了完整的梅花图案，因此被称为梅花石（图1-11），又称汝石。

🔺 图1-11　梅花石

（3）花岗岩—流纹岩类观赏石

流纹岩颜色多呈灰红、粉红、肉红、浅紫色，由于酸性熔岩流的黏度较大，多保存黏性流动的痕迹，常具流纹构造，多具观赏性（图1-12）。常见的流

🔺 图1-12　流纹岩

纹岩观赏石有黑曜岩（图1-13）、松脂岩、珍珠岩等。

🔺 图1-13　雪花黑曜岩

2. 变质岩类观赏石

变质岩类观赏石是指石质是变质岩的观赏石。变质岩类观赏石种类繁多，颜色丰富，是主要的岩石类观赏石品种。各种玉石，以及山东的泰山石、崂山绿石等都属变质岩类观赏石。

（1）区域变质岩观赏石

区域变质岩种类很多，沉积岩、岩浆岩、变质岩在区域变质作用影响下，产生变化形成新的岩石，矿物变化明显，外部特征各异，可成为重要观赏石岩石类别。包括片岩类的景观石、石英岩类的各种玉石、各种颜色及结构构造的大理岩（图1-14）。

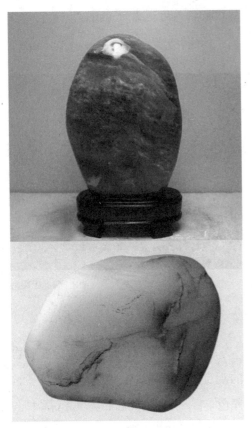

▲ 图1-14　新疆白玉—石英岩蓝田玉

以形成观赏石，由蛇纹岩形成的岫玉（图1-16），在我国各地有许多品种。

▲ 图1-15　华安玉—透辉石矽卡岩

（2）动力变质岩类观赏石

在动力变质作用的影响下岩石的结构构造发生改变，另外还发生矿物成分的变化。不同应力作用使岩石产生破碎或塑性变形，同时后期又有脉石矿物充填，多具观赏性。

（3）接触变质岩类观赏石

接触变质作用发生在岩浆侵入体与围岩附近，分布局限，规模不大。接触变质岩中矽卡岩（图1-15）、蛇纹岩都可

▲ 图1-16　岫玉—蛇纹岩

（4）混合岩类观赏石

混合岩形成于地壳较深部位，由浅色花岗质和暗色镁铁质岩两部分组成，矿物组成和结构构造常不均匀。混合岩化作用较弱的混合岩，明显分出脉体和基体两

部分，前者是由于注入、交代或重熔作用而形成的新生物质；后者基本代表原来变质岩的成分，条带状构造明显（图1-17）。

△ 图1-17　肠状混合岩

3. 沉积岩类观赏石

沉积岩类观赏石是指石质是沉积岩的观赏石。沉积岩可形成众多优质的观赏石品种，主要包括火山碎屑岩观赏石、沉积碎屑岩观赏石和碳酸盐岩观赏石。

（1）火山碎屑岩观赏石

包括各种形态各异的火山弹（图1-18）、火山砾、集块岩、火山角砾岩（图1-19）、凝灰岩。依岩浆性质可分为玄武质、安山质、流纹质，颜色随酸性程度加大呈暗黑色、绿色、黄绿色、褐色变化，是观赏石的重要岩石类别。

（2）沉积碎屑岩观赏石

主要有砾岩、角砾岩、砂岩、泥岩。其中石英砂岩是重要的观赏石类别，

△ 图1-18　火山弹

△ 图1-19　火山角砾岩

它常与含铁矿物伴生，在风化作用下铁质氧化析出、浸染，在石英砂岩上形成很多形态各异的褐色花纹（图1-20）。另外，石英砂岩也是河流中鹅卵石的重要组成岩石，由于其所含伴生矿物的不同，颜色的变化，风化程度的差异，浑圆程度的高低等因素导致了鹅卵石具有不同的观赏性。河成砾岩、残积砾岩、冰川砾岩、山崩砾岩等砾岩，由于砾石大小不等，浑圆程度不同，胶结物成分各异，颜色不同等

因素使得砾岩具有不同的观赏性。泥岩也是重要的观赏石类别，如著名的新疆泥石（图1-21）。

△ 图1-20　黄河石—石英砂岩

△ 图1-21　泥石

（3）碳酸盐岩观赏石

碳酸盐岩是重要的观赏石类型，此类岩石具有丰富的结构，使得岩石"花纹"绚丽多彩，更具观赏性。如鲕状结构（图1-22）中鲕粒呈球形、椭球形，由核心和周围的放射状、同心状碳酸盐纹层

△ 图1-22　鲕状灰岩

组成，可密集或稀疏分布，鲕粒直径一般在2 mm以上，鲕粒细分可分为真鲕、假鲕、薄皮鲕、复鲕单晶鲕、多晶鲕、生物鲕、变形鲕等多种类型。生物碎屑结构是由各门类的生物屑、骨骸组成，多数经过搬运磨蚀，具有较强的观赏性。同时，碳

——地学知识窗——

碎屑岩

是由于机械破碎的岩石残余物，经过搬运、沉积、压实、胶结，最后形成的新岩石。碎屑岩中碎屑含量达50%以上，除此之外，还含有基质与胶结物。基质和胶结物胶结了碎屑，形成碎屑结构。按碎屑颗粒大小可分为砾岩、砂岩、粉砂岩等。

酸盐岩还具有丰富的构造、层纹状构造、条纹状构造、竹叶状构造、葡萄状构造、缝合线状构造等，不同的构造形成了不同的岩石外观造型。另外，钟乳石（图1-23）广泛形成于石灰岩、白云岩地区，钟乳石形状各异，有筒状、树枝状、片状、瀑布状等，颜色有洁白、浅黄、褐色、灰色等，是重要的观赏石岩石类别。

△ 图1-23 钟乳石

三、古生物化石类观赏石

古生物化石类观赏石即具有观赏价值的古生物遗体、遗物和活动遗迹。按古生物属性可再分为动物化石类观赏石和植物化石类观赏石，前者如形态完美的珊瑚类、腕足类、菊石类、鱼类、古脊椎动物类等化石，遗物遗迹，如恐龙足印、恐龙蛋等；后者如硅化木、保存完好的古植物

的根、茎和叶子等。我国化石类观赏石资源丰富，类型繁多，下面介绍常见的几种。

1. 动物类观赏石

（1）无脊椎动物类化石

三叶虫 属节肢动物门中已灭绝的一纲，海生。开始出现于寒武纪早期，寒武纪至奥陶纪最繁盛，古生代末灭绝。我国三叶虫化石（图1-24）非常丰富，华北、西南、中南各省市区都大量发现，是观赏化石的重要品种。

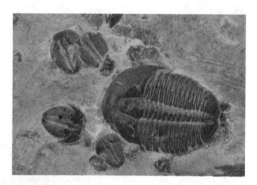

△ 图1-24 三叶虫化石（产地·山东莱芜）

角石 属软体动物门头足纲，鹦鹉螺亚纲的一属，海生。主要产于南方奥陶纪，为我国的特色化石类观赏石，角石以其壳体完整、内部结构显露清晰者为珍品（图1-25a）。

海百合 棘皮动物，海生。浮游动物，形似百合花（图1-25b），出现于奥陶纪至今，以石炭纪最盛。在我国四川、

🔺 图1-25　角石化石——海百合化石

河北、贵州等省广泛存在。近年来贵州采集到了个体硕大、形态完整的海百合，引起国内外观赏石和化石收藏家的密切关注。

（2）脊椎动物类化石

恐龙及恐龙蛋化石　陆生爬行动物，生活于陆地或湖泊中，中生代时期极为繁盛，白垩纪末经受重大突发事件而灭绝。我国恐龙（图1-26）及恐龙蛋化石（图1-27）极为丰富，化石产地遍及全国，是世界上此类化石的重要产地。恐

龙蛋化石常成窝产出，我国山东莱阳、诸城、广东南雄、江西赣州都盛产恐龙蛋化石。

🔺 图1-26　恐龙化石

图1-27　恐龙蛋化石

2. 植物类观赏石（硅化木）

硅化木是真正的木化石（图1-28），是几百万年甚至更早以前的树木受地质变化影响被迅速掩埋地下后，经地下水中的 SiO_2 替换而成的树木化石（图1-29）。它保留了树木的木质结构和纹理。颜色为土黄、淡黄、黄褐、红褐、灰白、灰黑等，抛光面可具玻璃光泽，不透明或微透明。

图1-29　树化玉

四、陨石观赏石

陨石（meteorite）是地球以外未燃尽的宇宙流星脱离原有运行轨道或呈碎块飞快散落到地球或其他行星表面的石质的、铁质的或是石铁混合的物质，也称"陨星"（图1-30）。大多数陨石来自于火星和木星之间的小行星带，小部分来自月

图1-28　硅化木

图1-30　陨石

球和火星。陨石的种类按结构、构造、硅酸盐的含量，将陨石分为铁陨石（图1-31）、石铁陨石、石陨石三大类，根据出现矿物的不同，再进一步细分出不同名称。

图1-31　铁陨石及其切片

铁陨石（陨铁）占陨石总量的6%，由91%的金属铁和8%的镍组成，含有Co、P、Si、S、Cu、C。密度为8～8.5 g/cm³。铁陨石细分为方陨铁、八面石、贫镍角砾斑杂岩和富镍角砾斑杂岩四种类型。它们在成分上是过渡的，可以由同一种铁—镍熔体缓慢冷却而逐渐形成。铁陨石结构上也有不同，如方陨铁在光面上具有平行条纹（牛曼条纹），八面石的光面上是交错条纹（韦氏条纹），大小的圆坑叫作气印，形状各异的沟槽，叫作熔沟。铁陨石的切面与纯铁一样光亮，表面经酸蚀处理后，铁承受高温后骤冷却形成生物特殊结晶形态。

石铁陨石（图1-32）在陨石中约占2%，为铁、镍金属和硅酸盐矿物的混合物，含MgO、Ca、Al、Cu、Na、Mn，铁、镍金属呈海绵状分布于硅酸盐矿物晶粒间，是铁陨石和石陨石之间的过渡类型，密度为$5.6 \sim 6$ g/cm^3。

▲ 图1-32 石铁陨石

从直接坠落到地面随即收集到的陨石标本来统计，石陨石数量可达90%以上。石陨石的化学成分主要是铁、镁硅酸盐，矿物成分为橄榄石、辉石，镍—铁含量较少，含有大量的SiO_2、MgO，少量的Cr、P、Fe、Ni、Mn、Co、Ti，

近于玄武岩的化学、矿物成分。密度为$3 \sim 3.5$ g/cm^3。球粒是陨石在坠落过程中，在熔融状态下快速冷凝形成的球形结晶产物，这种结构在地球上从未发现过。玻璃质球粒的成分就反映了太阳系形成初期原始行星的成分。

石陨石按有无球粒构造而分为：球粒陨石和无球粒陨石。

球粒陨石（图1-33）约占陨石总量的84%，球粒陨石主要由橄榄石、辉石、斜长石、铁镍微颗粒以及少量其他矿物组成。球粒呈圆形，直径$1 \sim 2$ mm，矿物结晶粒度一般均<1 mm，矿物颗粒杂乱无章地排列。按球粒成分分为顽火辉石球粒陨石、普通球粒陨石、含碳球粒陨石。含碳球粒陨石非常稀少，其中含有氨基酸和其他有机质（1969年9月在澳大利亚的亚茂契逊镇坠落的含碳球粒陨石中，含有18种氨基酸、蛇纹石）。

▲ 图1-33 球粒陨石

无球粒陨石（图1-34）约占陨石总量的8%，成分类似于地球上的镁铁质岩—超镁铁质岩石，更接近于辉石岩，其中最主要的矿物是辉石和斜长石。按成分分为顽火辉石无球粒陨石、玄武质无球粒陨石。

△ 图1-34　无球粒陨石

五、现代生物礁

这类观赏石也可称为现代生物质观赏石，目前主要是指现代海洋里的珊瑚（礁）。珊瑚是由生活在现代海洋中的珊瑚虫分泌的石灰质骨骼（躯壳）聚集而成的，虽然它并非由地质作用形成，但它的成分和性质类似于石体，是一种特殊的天然石质艺术品。珊瑚的形状千姿百态，但以树枝状为多。那些色泽艳丽、质地致密的珊瑚可作为宝石；而形态美观的珊瑚，不经加工就是一件天然艺术品，可作为观赏石直接来观赏。北京故宫中就藏有珊瑚树，慈禧太后墓中的一株珊瑚树（图1-35）更是价值连城。

△ 图1-35　珊瑚树

——地学知识窗——

珊瑚虫

珊瑚虫是一种圆筒形腔肠动物，在幼虫阶段可以自由活动，到了管状成虫早期，便固定在其先辈的遗骨上，靠触手捕捉微生物，在新陈代谢过程中分泌出石灰质，以建造自己的躯壳，并通过分裂增生模式迅速繁殖，长此以往，珊瑚越长越大。

珊瑚的基本特征和性质如下：

（1）化学成分和矿物成分：珊瑚的化学成分是碳酸钙，其次是有机质和水，还常含有氧化铁及硅、锰、锶等。

（2）内部构造和表面特征：凭肉眼或借助放大镜观察，在珊瑚的横断面上可见到同心圆状圈层和放射性细纹；在珊瑚的表面可见到一系列平行的纵纹。这种特征是珊瑚生长过程中形成的，尤其是在红珊瑚中更为明显。

（3）颜色：以白色和红色为常见，蓝色和黑色稀少。颜色好坏依次为鲜红色、红色、暗红色、玫瑰红色、粉红色、纯白色、瓷白色、灰白色。如果是由白色染成的红色或其他颜色，用棉签蘸丙酮擦拭，可使棉签染色。

（4）光泽：蜡状光泽，抛光面呈玻璃光泽。

（5）莫氏硬度：3～4。

（6）密度：2.6～2.7 g/cm^3，通常为2.65 g/cm^3。

（7）透明度：半透明至微透明。

世界上许多地区都有珊瑚产出，如地中海、红海、大西洋沿岸、夏威夷群岛、日本、菲律宾、澳大利亚等。我国的珊瑚主要产于台湾、福建、海南岛、西沙群岛等地，尤其台湾，是著名的红珊瑚（图1-36）产地。为了保护环境，维持生态平衡，国家对珊瑚采取了保护措施，不得随意采集。

▲ 图1-36 台湾红珊瑚

Part 2 观赏石成因揭秘

一块好的观赏石，就像一首交响乐；它或以造型，或以色彩，或以条纹，或以动人的"旋律"打动和感染你，让你产生无限联想并与其内在的美产生共鸣，使你爱不释手，乐而忘忧。它既淳朴又自然，既抽象又具体。于是，大自然那鬼斧神工的万千造化，就能幻化出从神似到形似的各种丰姿吸引你，使你流连忘返……那么，这些大自然的尤物究竟是怎样形成的呢？

矿物瑰宝——矿物晶体类观赏石的成因

矿物是在地质作用中产生的具有一定的化学成分、物理性质、晶体结构的元素或化合物的均匀固体。矿物形成的地质作用根据能量来源分为内生地质作用和外生地质作用，各种地质作用可以形成不同类型、形态的矿物。

能成为观赏石的矿物主要是固态出现的晶体，晶体主要是由结晶作用形成的，也可以通过化学反应而形成晶体，以及由于不同结晶相互之间的转变而产生新的晶体。结晶作用就是使质点从不规则排列到规则排列，从而形成格子构造的作用，也就是使物质从其他相态转变为结晶相的作用。结晶作用有三种方式。

一、液相转变为固相

1. 从熔体中结晶

结晶温度低于熔点时，晶体开始析出，也就是说，只有当熔体过冷却时晶体才能发生。如水在温度低于零摄氏度时结晶成冰；金属熔体冷却到熔点以下结晶成金属晶体。

2. 从溶液中结晶

溶液达到过饱和时，才能析出晶体。其方式有：①温度降低，如岩浆期后的热液越远离岩浆源则温度将渐次降低，各种矿物晶体陆续析出；②水分蒸发，如天然盐湖卤水蒸发，盐类矿物结晶出来；③通过化学反应，生成难溶物质。

外来物质的加入可以促使过饱和溶液结晶，如过饱和的二氧化硅溶液流到有石英颗粒的围岩（如花岗岩）中时，使围岩中的石英颗粒长大，形成水晶。在自然界岩浆期后产生含有各种金属物质的热水溶液。从这种热液中沉淀出各种金属矿物和非金属矿物，如方铅矿、闪锌矿、萤石、方解石等，就是从溶液中生成晶体的例子。

二、由气相转变为固相

气相直接转变为固相的条件是要有足够低的蒸汽压。在火山口附近常由火山喷气直接生成硫、碘或氯化钠的晶体。这样的作用在地下深处亦有发生，如有些矿物就可以在岩浆作用期后从气体中直接生成（萤石、绿柱石、电气石等）。

三、由固相再结晶为固相

再结晶作用可以有以下几种情况：

1. 同质多象转变

同质多象转变是指某种晶体，在热力学条件改变时转变为另一种在新条件下稳定的晶体。它们在转变前后的成分相同，但晶体结构不同。如在573℃以上，二氧化硅可以形成高温石英，而当温度降低到573℃以下时，则转变为晶体结构不同的低温石英（水晶）。

2. 原矿物晶粒逐渐变大

细粒方解石组成的石灰岩与岩浆岩接触时，结晶成为由粗粒方解石晶体组成的大理岩。

3. 固溶体分解

一定温度下固溶体可以分离成为几种独立矿物。例如，由一定比例的闪锌矿和黄铜矿在高温时组成为均一相的固溶体，而在低温时就分离成为两种独立矿物。

4. 变晶

在定向的压力方向上溶解，而在垂直于压力方向上再结晶，因而形成一向延长或二向延展的变质矿物，如角闪石、云母晶体等。这样的变质矿物称为"变晶"。有时在变质岩中发育成斑状晶体称为"变斑晶"。

5. 由固态非晶质结晶

火山喷发出的熔岩流迅速冷却，固结为非晶质的火山玻璃（黑曜石）。这种火山玻璃经过千百年时间后，可逐渐变为结晶质。

上述各种形成晶体的结晶过程，最

——地学知识窗——

晶簇

晶簇是指由生长在岩石的裂隙或空洞中的许多矿物单晶体所组成的簇状集合体，它们一端固定于共同的基地岩石上，另一端自由发育而具有良好的晶型。晶簇可以有单一的同种矿物的晶体组成，也可以由几种不同的矿物的晶体组成。常见的晶簇有石英晶簇、方解石晶簇、白晶簇、源质晶簇、草酸钙簇、晶花团晶簇、晶洞晶簇等。

初都需要先形成微小的晶核，然后再逐渐长大的。晶核形成以后，围绕晶核的生长，实际上就是溶液或熔体中的其他质点，按照格子构造规律不断地堆积在晶核上，使晶核逐渐长成晶体的过程。那么，质点是如何堆积到晶核上长成晶体的呢？下面重点介绍两个有关的理论模型。

层生长理论　是由科塞尔提出后经斯特兰斯基发展而成的晶体生长模型。该理论认为，质点在光滑的晶核表面堆积时，存在着3种不同的占位位置（图2-1），分别称为三面凹角、二面凹角和一般位置。质点优先进入三面凹角，其次是二面凹角，最后是一般位置。由此可以推出，在理想情况下，晶体在晶核基础上生长时，应先生长一条行列，然后生长相邻的行列，在长满一层面网后，再开始生长第二层面网，这样，晶体面网一层一层地逐渐向外平行推移，最外层的面网便发育成晶体的晶面。这就是层生长理论。

晶体表面不一定是平坦的晶面，也

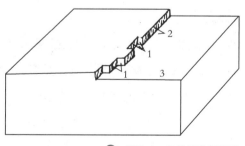

▲ 图2-1　晶体层生长模型

——地学知识窗——

面角守恒定律

所谓面角指晶面法线间的夹角。它在数值上等于相应晶面实际夹角的补角（即180° 减去晶面实际夹角）。晶体在生长过程中，往往由于外界客观环境的影响，造成形态上发生不同程度的畸变，从而形成歪晶。但是，无论晶体形态上如何变化，同种晶体间，对应晶面夹角恒等。这就是面角守恒定律。

可能出现晶面阶梯，表明质点向晶核上堆积时也不一定是在一层堆满以后才开始堆积第二层，晶核表面可有多个层同时在堆积。尽管如此，晶体的生长在许多情况下还是按层进行的。晶体常生长成为面平、棱直的多面体形态（晶体的自限性），生长锥等；同种物质的晶体上对应晶面间的夹角不变（面角守恒定律）。所有这些现象都证明了晶体在较理想条件下生长时，晶面是平行向外推移的。

螺旋生长理论　基于实际晶体结构中常见的位错现象，弗兰克、布顿和卡勃雷拉等人又提出了晶体的螺旋生长模型，亦称BCF模型（图2-2）。

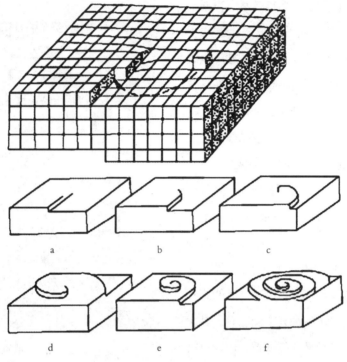

🔺 图2-2 晶格中的螺旋位错和螺旋生长模型

　　按照螺旋生长理论，杂质在晶格中的不均匀分布可使晶格内部产生应力，当应力积累超过一定限度时，晶格便沿某一面网发生相对剪切位移，形成螺旋位错。螺旋位错的出现使平滑的界面上出现沿位错线分布的凹角，从而使介质中的质点优先向凹角处堆积。显然，随着质点在凹角处的堆积，凹角并不会消失，只是凹角所在的位置随质点的堆积而不断地呈螺旋式上升，导致生长界面以螺旋层向外推移，并在晶面上留下成长过程中形成的螺旋纹。这便是晶体的螺旋生长。

　　在晶体的生长过程中，同时有多个不同方向的面网在生长，那么，哪些面网会最终发育成晶面呢？下面我们介绍有关这方面的几个主要理论。

　　布拉维法则　我们把晶面在单位时间内沿其法线方向向外推移的距离称为晶面的生长速度。晶面的生长速度与面网密度有关，面网密度越小，晶面生长速度越快；面网密度越大，晶面生长速度越小。如图2-3所示。面网密度越小的晶面，在晶体生长过程中，面积逐渐缩小而最终可被面网密度较大的相邻晶面所淹没，因

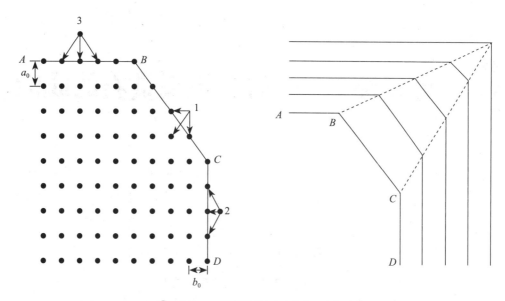

▲ 图2-3 晶面的面网密度与晶面生长速度

此，得以继续扩大的晶面一般都是面网密度较大的晶面。据此，法国结晶学家布拉维提出，实际晶体的晶面常常是由晶体格子构造中面网密度大的面网发育而成的。这一结论被称为布拉维法则。

周期键链理论　该理论认为，在晶体结构中存在着一系列周期性重复的强键链，其重复规律（周期及方向等）与相应质点的重复规律一致，这样的强键链称为周期键链。晶体平行键链生长，键力最强的方向生长最快，平行强键链最多的面最常见于晶体的表面而成为晶面。这就是周期键链理论。

决定晶体生长的形态，内因是基本的，而生成时所处的外界环境对晶体形态的影响也很大。如涡流、温度、杂质、黏度、结晶速度等因素对晶体的形成也有一定的影响。

鬼斧神工——岩石类观赏石的成因

形成观赏石的岩石按照成因分类分为岩浆岩、沉积岩及变质岩。

一、岩浆岩的成因

岩浆岩又称火成岩，是由地壳下面的岩浆沿地壳薄弱地带上升侵入地壳或喷出地表后冷凝而成的（图2-4）。根据目前研究，岩浆起源于上地幔和地壳底层，并把直接来自地幔或地壳底层的岩浆叫原始岩浆。岩浆岩种类虽然繁多，但原始岩浆的种类却极其有限，一般认为仅三四种而已，即只有超基性岩浆、基性岩浆、中性岩浆和酸性岩浆。

岩浆从开始产生直到固结为岩石，始终处在不断地变化过程中；对于岩浆岩

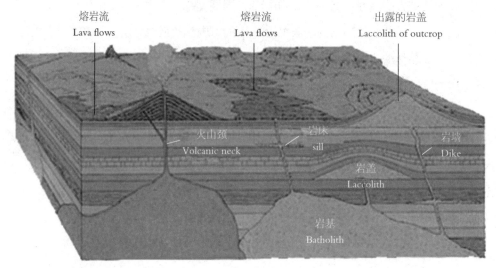

熔岩流
Lava flows

熔岩流
Lava flows

出露的岩盖
Laccolith of outcrop

火山颈
Volcanic neck

岩床
sill

岩墙
Dike

岩盖
Laccolith

岩基
Batholith

图2-4　岩浆作用

成因具有直接意义的是岩浆侵入地壳、特别是侵入地壳浅部以后到凝固为岩石这一期间内岩浆在物质成分上发生的演化。该期间内岩浆演化的基本过程是通过分异作用和同化作用进行的。

1. 岩浆分异作用

岩浆可以通过两种方式发生分异，即熔离作用和结晶分异作用，这是岩浆内部发生的一种演化。均一的岩浆，随着温度和压力的降低或者由于外来组分的加入，使其分为互不混溶的两种岩浆，即称为岩浆的熔离作用。矿物的结晶温度有高有低，因此，矿物从岩浆中结晶析出的次序也有先有后。在岩浆冷凝过程中，矿物按其结晶温度的高低先后同岩浆发生分离的现象叫结晶分异作用。

2. 同化混染作用

由于岩浆温度很高，并且有很强的化学活动能力，因此它可以熔化或溶解与之相接触的围岩或所捕房的围岩块，从而改变原来岩浆的成分。若岩浆把围岩彻底熔化或溶解，使之同岩浆完全均一，则称同化作用；若熔化或溶解不彻底，不同程度地保留有围岩的痕迹（如斑杂构造等），则称混染作用。因同化和混染往往并存，故又统称同化混染作用。

在岩浆岩形成过程中，可以是以其中一种作用为主，也可以是多种作用同时发生。原始的岩浆是上地幔或地壳物质在地球内动力作用下经过部分熔融而形成的一种熔融体，它可以直接结晶形成岩浆岩，更会在上升过程中演化形成各种派生岩浆，在冷凝作用下形成类型更多样复杂的岩浆岩。

二、沉积岩的成因

沉积岩是指在地表不太深的地方，将其他岩石的风化产物和一些火山喷发物，经过水流或冰川的搬运、沉积、成岩作用形成的岩石。

沉积岩的形成过程一般可以分为先成岩石的破坏（风化作用和剥蚀作用）、搬运作用、沉积作用和硬结成岩作用等几个互相衔接的阶段。但这些作用有时是错综复杂和互为因果的，如岩石风化提供剥蚀的条件，而岩石被剥蚀后又提供继续风化的条件；风化、剥蚀产物提供搬运的条件，而岩石碎屑在搬运中又可作为进行剥蚀作用的"武器"；物质经搬运而后沉积，而沉积物又可受到剥蚀破坏重新搬运，等等。

1. 风化作用

风化作用是指地壳表层岩石（母岩）在大气、水、生物、冰川等地质营力的作用下，使得岩石松散、破碎、分解的地质作用。其产物为各种岩石碎屑、矿物碎屑、生物碎屑和溶解物质。

（1）物理风化：主要发生机械破碎，而化学成分不改变的风化作用。主要影响因素有：温度变化，晶体生长，重力作用，生物的生活活动（人类活动），水、冰及风的破坏作用。物理风化总趋势是使母岩崩解，产生不同尺度的岩石碎屑和矿物碎屑。

（2）化学风化：在氧、水和溶于水中的各种酸的作用下，母岩遭受氧化、水解和溶滤等化学变化，使其分解而产生新矿物的过程。主要影响因素有：水、二氧化碳、有机酸等。化学风化总趋势不仅使母岩破碎，而且使其矿物成分和化学成分发生本质的改变，同时在表生条件下形成黏土物质、各种氧化物和化学沉淀物质，如：各种黏土矿物，赤铁矿、褐铁矿、铝土矿、燧石（SiO_2）等氧化物及碳酸盐矿物等。

（3）生物风化：在岩石圈的上部、大气圈的下部和水圈的全部，几乎到处都有生物存在。因此，生物，特别是微生物在风化作用中能起到巨大的作用。生物对岩石的破坏方式既有机械作用，又有化学作用和生物化学作用；既有直接的作用，也有间接的作用。主要影响因素有细菌、O_2、CO_2、有机酸。生物风化途径：氧化还原反应、吸附作用、络合物作用。

2. 搬运与沉积作用

沉积物发生的搬运和沉积的地质营力：主要是以流动水和风为主，其次是冰川、重力和生物。由于沉积物性质的差异，常见的搬运方式有：机械搬运和沉积、化学搬运和沉积、生物搬运和沉积。

（1）机械搬运和沉积：① 流水的机械搬运和沉积作用。流水把处于静止状态的碎屑物质开始搬运走所需的流速叫作开始搬运流速，开始搬运流速要大于继续搬运业已处于搬运状态的碎屑物质所需的流速，即继续搬运流速。一般来说，开始搬运流速要大于继续搬运流速。② 空气的搬运与沉积作用。只能搬运碎屑颗粒，搬运能力小，以跳跃搬运形式为主且受地形和地物影响大。③ 冰川的搬运与沉积作用。流动方式是塑性流动和滑动，搬运能力巨大；搬运对象为碎屑颗粒，沉积位置在雪线以下——冰碛物，经流水改造，形成冰水沉积。

（2）化学搬运和沉积：① 胶体的搬运与沉积作用。由于胶体自身的特点，当其处于稳定状态时，就是胶体的搬运状态；当条件发生变化，胶体失去稳定性时，胶体发生絮凝作用，即沉积作用。② 真溶液的搬运与沉积作用。可溶物质的溶解与沉淀作用主要取决于溶解度；溶液中的某种物质浓度达到过饱和，则发生沉淀作用（沉积）；反之，则发生溶解作用（搬运）。

化和改造。

——地学知识窗——

真溶液

由于被溶解物质（称作溶质）的颗粒大小和溶解度不同，水溶液的透明度会有所不同，较透明的称作真溶液，较浑浊的称作胶态溶液（又称假溶液），有些胶态溶液还会进一步在底部形成沉淀，成为沉淀胶态溶液。

（3）生物的搬运和沉积：生物的搬运作用既可是物理方式也可是化学方式，生物的沉积作用包括生物遗体的沉积和生物化学沉积。前者指生物死亡后，其骨骼、硬壳堆积形成磷质岩、硅质岩和碳酸盐岩等；后者指生物在新陈代谢中引起周围介质物理、化学条件的变化，从而引起某些物质的沉淀。

3. 成岩作用

岩石的风化剥蚀产物经过搬运、沉积而形成松散的沉积物，这些松散沉积物必须经过一定的物理、化学以及其他的变化和改造，才能形成固结的岩石。这种由松散沉积物变为坚固岩石的作用叫作成岩作用。广义的成岩作用还包括沉积过程中以及固结成岩后所发生的一切变

（1）压固作用：在沉积物不断增厚的情况下，下伏沉积物受到上覆沉积物的巨大压力，使沉积物孔隙度减少，体积缩小，密度加大，水分排出，从而加强颗粒之间的联系力，使沉积物固结变硬。这种作用对黏土岩的固结有更显著的作用，其孔隙度可以由80％减少到20％。同时，上覆岩石的压力使细小的黏土矿物形成定向排列，从而常使黏土岩具有清晰的薄层层理。

（2）脱水作用：在沉积物经受上覆岩石强大压力的同时，温度也逐渐增高，在压力和温度的共同作用下，不仅可以排出沉积物颗粒间的附着水，而且还使胶体矿物和某些含水矿物产生失水作用而变为新矿物，例如 $SiO_2 \cdot nH_2O$（蛋白石）变成玉髓（SiO_2），$Fe_2O_3 \cdot nH_2O$（褐铁矿）变为赤铁矿（Fe_2O_3），石膏（$CaSO_4 \cdot 2H_2O$）变为硬石膏（$CaSO_4$）等。矿物失水后，一方面使沉积物体积缩小，另一方面使其硬度增大。

（3）胶结作用：沉积物中有大量孔隙，在沉积过程中或在固结成岩后，其中被矿物质所填充，从而将分散的颗粒黏结在一起，称为胶结作用。最常见的胶结物有硅质（SiO_2）、钙质（$CaCO_3$）、铁质

（Fe_2O_3）、黏土质、火山灰等。这些胶结物质可以来自沉积物本身，也可以是由地下水带来的。砾和砂等经胶结作用可形成砾岩、砂岩，所以胶结作用是碎屑岩的主要成岩方式。

（4）重结晶作用：沉积物在压力和温度逐渐增大的情况下，可以发生溶解或局部溶解，导致物质质点重新排列，使非晶质变成结晶物质，这种作用称为重结晶作用。重结晶后的岩石孔隙减少，密度增大，岩石的坚固性也增强了。重结晶作用对于各类化学岩、生物化学岩来说，是重要的成岩方式。

三、变质岩的成因

变质岩是指由变质作用形成的岩石。地壳中原有的岩石，由于经受构造运动、岩浆活动或地壳内的热流变化等内动力的影响，使其矿物成分和结构构造发生不同程度的变化，统称为变质作用（图2-5）。

1.变质作用的类型

变质作用有很多类型，每种变质类型的作用范围、引起变质作用的原因和形成的变质岩都不一样。主要的变质作用类型有：

（1）区域变质作用：是在大面积内发生的变质作用的统称。它是由区域性的构造运动和岩浆活动引起的一种大面积的区域变质作用造成的，变质岩的范围往往达数百或数千平方千米。

（2）动力变质作用：是指岩石在不同性质构造应力作用下，使原来岩石发生变形、破碎等机械作用，并伴有一定程度的重结晶和变质结晶的变质作用。

接触变质　区域变质　热液变质　动力变质　埋藏变质

▷ 图2-5　变质作用与变质岩

（3）接触变质作用：一般发生在侵入体与围岩的接触带，由岩浆活动引起的一种变质作用。通常发生在侵入体周围几米至几千米的范围内，常形成接触变质晕圈。接触变质作用又可分为两个亚类：

① 热接触变质作用：指岩石主要受岩浆侵入时高温热流影响而产生的一种变质作用。定向应力和静压力的作用一般较小，具有化学活动性的流体只起催化剂作用，围岩受变质作用后主要发生重结晶和变质结晶，原有组分重新改组为新的矿物组合并产生角岩结构，而化学成分无显著改变。

② 接触交代变质作用：在侵入体与围岩的接触带，围岩除受到热流的影响外，还受到具化学活动性的流体和挥发分的作用，发生不同程度的交代置换，原岩的化学成分、矿物成分、结构构造都发生明显改变，形成各种夕卡岩和其他蚀变岩石，有时还伴生有一定规模的铁、铜、钨等矿产以及钼、钛、氟、氯、硼、磷、硫等元素的富集。

（4）混合岩化作用：是指随着变质作用增强，温度、压力增高，岩石发生部分熔融，那些成分和花岗岩相近的组分首先发生熔融，而富含镁铁的难熔组分仍然留在原地，这种由浅色长石、石英物质和暗色角闪石、黑云母共同组成的岩石被称为混合岩。由变质岩经过熔融而形成混合岩的过程，称为混合岩化作用。

2.变质作用的方式

变质作用的主要作用方式有以下几种：

（1）重结晶作用：指在原岩基本保持固态条件下，同种矿物的化学组分的溶解、迁移和再次沉淀结晶，使粒度不断加大，而不形成新的矿物相的作用。例如，石灰岩变质成为大理岩。

（2）变质结晶作用：指在原岩基本保持固态条件下，形成新矿物相的同时，原有矿物发生部分分解或全部消失。这种过程一般是通过特定的化学反应来实现的，又称为变质反应。在矿物相的变化过程中，多数情况下岩石中的各种组分发生重新组合。在变质结晶作用中形成新矿物相的主要途径有脱挥发分反应、固体-固体反应和氧化-还原反应等。变质岩中新矿物相的出现首先受变质反应过程中物理化学平衡原理的控制；其次受化学动力学有关原理的控制。

（3）变质分异作用：指成分均匀的原岩经变质作用后，形成矿物成分和结构构造不均匀的变质岩的作用。例如，在角闪质岩石中形成以角闪石为主的暗色条带和以长英质为主的浅色条带。

（4）交代作用：指有一定数量的组分被带进和带出，使岩石的总化学成分发生不同程度的改变的成岩成矿作用。岩石中原有矿物的分解消失和新矿物的形成基本同时进行，它是一种逐渐置换的过程。

（5）变形和碎裂作用：在浅部低温低压条件下，多数岩石具有较大的脆性，当所受应力超过一定弹性限度时，就会碎裂。在深部温度较高的条件下，岩石所受应力超过弹性限度时，则出现塑性变形。

另外，岩石类观赏石的千姿百态，不仅取决于其形成时的自然环境，也取决于后期地质营力的改造。

生命密码——古生物化石类观赏石的成因

地质历史时期的古生物遗体或遗迹在被沉积埋藏后可以随着漫长地质年代中沉积物的成岩过程石化成化石（图2-6）。但是，并不是所有的史前生物都能够形成化石。化石的形成过程及其后期的保存都要求一定的特殊条件。

一、生物自身条件

化石的形成及保存首先需要一定的生物自身条件。具有硬体的生物保存为化石的可能性较大。无脊椎动物中的各种贝壳、脊椎动物的骨骼等主要由矿物质构成，能够较为持久地抵御各种破坏作用。

此外，具有角质层、纤维质和几丁质薄膜的生物，例如植物的叶子和笔石的体壁等，虽然容易遭受破坏，但是不容易溶解，在高温下能够炭化而成为化石。而动物的内脏和肌肉等软体容易被氧化和腐蚀，除了在极特殊的条件下，否则很难保存为化石。

二、埋藏条件

化石的形成和保存还需要一定的埋藏条件。生物死亡后如果能够被迅速埋藏则保存为化石的机会就多。如果生物遗体长期暴露在地表或者长久留在水底不被泥沙掩埋，它们就很容易遭到活体动物的吞食或细菌的腐蚀，还容易遭受风化、水动力作用等破坏。不同的掩埋沉积物也会使生物形成化石并被保存的可能性及状况产生差别。如果生物遗体被化学沉积物、生物成因的沉积物和细碎屑沉积物（指颗粒较细的沉积物）所埋藏，它们在埋藏期就不容易遭到破坏。但是如果被粗碎屑沉积物（指颗粒较粗的沉积物）所埋藏，它们在埋藏期间就容易因机械运动（粗碎屑的滚动和摩擦）而被破坏。在特殊的条件下，松脂的包裹和冻土的掩埋甚至可以保存完好的古生物软体，为科学家提供更为全面丰富的科学研究材料，琥珀里的蜘蛛和第四纪冻土中的猛犸象就是这样被保存下来的。

三、时间因素

时间因素在化石的形成中也是必不可少的。生物遗体或是其硬体部分必须经历长期的埋藏，才能够随着周围沉积物的成岩过程而石化成化石。有时虽然生物死后被迅速埋藏了，但是不久又因冲刷等各种自然营力的作用而重新暴露出来，这样它依然不能形成化石。

四、沉积物的成岩作用

沉积物的成岩作用对化石的形成和保存也很有影响。一般来说，沉积物在固结成岩过程中的压实作用和结晶作用都会影响化石的形成和保存。其中，碎屑沉积物的压实作用比较显著，所以在碎屑沉积岩中的化石很少能够保持原始的立体状态。化学沉积物在成岩中的结晶作用则常常使生物遗体的微细结构遭受破坏，尤其是深部成岩、高温高压的变质作用和重结晶作用可以使化石严重损坏，甚至完全消失。

▲ 图2-6 化石形成的过程

天外来客——陨石类观赏石的成因

人们在观察中发现，在火星和木星的轨道之间有一条小行星带（图2-7），它就是陨石的故乡。这些小行星的组成成分各不相同，在自己轨道运行，并不断地发生着碰撞，有时就会被撞出轨道奔向地球。当它们掠过地球时，由于地球的引力将它们俘获，此时它们穿越地球的大气层，这时候它们还没有资格叫陨石，只能叫作流星。它们中的绝大多数在到达地面之前就已经完全烧成灰烬了，一旦到达地面，它们便有了陨石的称号。但是陨石可不一定就是石头，相反它们之中大多数都是铁块。

图2-7　火星和木星轨道之间的小行星带

——地学知识窗——

小行星带

小行星带是太阳系内介于火星和木星轨道之间的小行星密集区域，由已经被编号的120 437颗小行星统计得到，98.5%的小行星都在此处被发现。由于这是小行星最密集的区域，估计多达50万颗，这个区域因此被称为主带，通常称为小行星带。这么多小行星能够被凝聚在小行星带中，除了太阳的万有引力以外，木星的万有引力则起着更大的作用。

生物精灵——生物礁观赏石的成因

物礁观赏石主要是指珊瑚礁。珊瑚礁的主体是由珊瑚虫组成的，珊瑚虫是海洋中的一种腔肠动物，它以捕食海洋里细小的浮游生物为食，在生长过程中能吸收海水中的钙和二氧化碳，然后分泌出石灰石，变为自己生存的外壳。每一个单体的珊瑚虫只有米粒那样大小，它们一群一群地聚居在一起，一代代地新陈代谢，生长繁衍，同时不断分泌出石灰石，并黏合在一起。这些石灰石经过以后的压实、石化，就形成了珊瑚石。珊瑚死后变为珊瑚石，是被碳酸钙物质代替的过程，这个过程叫钙化。在钙化过程中珊瑚吸附了海水中的各种元素，如果吸附的元素以铁为主，则珊瑚石的颜色就是红色，如果吸附的元素以镁为主，兼有少许铁质，那么珊瑚石的颜色就会是粉红或粉白。如果吸附的元素以镁为主，几乎没有其他杂质，那么珊瑚石的颜色可能是白色，深海中纯白色的珊瑚宝石也是难得的珍品。

中国观赏石

石从山中来，石从水中出。我国幅员辽阔，地质构造复杂多样，观赏石资源丰富

多彩。祖国的名山大川，江河湖海，无处不有石。自古以来，中国人就和石头结下了

不解之缘。

中国观赏石的类型与分布

中国观赏石具有源远流长的传统文化特色，并随改革开放而融入西方的赏石风格，其内容广泛，并具有鲜明的特色（表3-1）。

（1）我国幅员辽阔，地质背景多样，自然条件各异，分布着种类繁多、妖娆多姿的观赏石。如各地不同时代、不同造型的动植物化石、西南的钟乳石、西北的风砾石、宜昌的三峡石、南京的雨花石等。

表3-1　　　　　　　　　中国观赏石的类型、特点及实例

类型		特点	实例
矿物晶体类		漂亮的完整单晶、双晶、连晶、晶簇或稀有品种的微小晶体	雌黄、雄黄、辰砂、黑钨矿、辉锑矿、石英等
岩石类	造型石	造型奇特的岩石、矿物晶簇、砾石等	江苏太湖石、安徽灵璧石、贵州石膏花、钟乳石等
	纹理石和图案石	具有清晰、美观的纹理或层理；具有人物、动物或其他景物的象形图案	南京雨花石、广东英石、宜昌三峡石等
	特色玉石	具有观赏价值、未经雕琢的玉石原石	鸡血石、叶蜡石、寿山石、岫玉等
古生物化石类		动物化石、植物化石、遗迹化石等	三叶虫、恐龙、硅化木、虫痕化石等
陨石类		外星物质坠落等重大事件遗留下的石体	铁陨石、石陨石和铁石陨石
现代生物礁		由珊瑚虫分泌的石灰质骨骼聚集而成	珊瑚

（2）中华文化影响较深的东方国家，人们偏爱于造型石、纹理石和文房石，如：太湖石、雨花石、英石、昌化石、端砚石等。分布于各地，与历代人文历史有联系的纪念石，具有重要的研究和观赏价值，其中不少是稀世珍宝，宋代著名文学家苏轼使用过的端砚，就是稀世珍宝之一。

（3）西方国家博物馆和藏石者所推崇、收藏和经营已上百年之久的矿物晶体和生物化石，我国仅仅在数年前才开始专门的采集、经营。许多珍贵的矿物晶体曾被当作一般矿石而送进选厂磨碎以选取有用元素，如黑钨矿（图3-1）、辉锑矿、辰砂、雄黄、萤石（图3-2）、黄铁矿等，其中不少晶体若作为观赏石，其价格要比其所含的有用元素的矿物价格高出数

图3-2　绿色萤石

百倍甚至上万倍。一些难得的化石也因缺乏有关知识而未受到保护，如广东某地的恐龙蛋、陆龟等。

（4）在我国产出的部分观赏石资源是举世瞩目、众人称奇、独一无二的，如西南地区的钟乳石和石林。南岭地区各种稀有、有色金属矿物及其伴生的热液矿物，包括：辰砂、辉锑矿、锑华、黑钨矿、雄黄、雌黄、毒砂、黝锡矿、车轮矿、蓝铜矿、孔雀石、黄铁矿、水晶等，晶体色泽艳丽，千姿百态，近年深受国外博物馆和收藏者的青睐，甚至被称为"标准矿物"。国外黑钨矿好晶体很难得到，有记录的最大一块晶体长5寸（约13 cm），而我国江西、湖南、广东等省的不少矿区，超过15 cm的黑钨矿晶体以前很常见；据传，有人还见过1 m多长的板状黑钨矿晶体。另外，一些常见矿物虽然在世界上产地很多，但在我国都具有自

图3-1　黑钨矿

己的特色，如烟晶（茶晶）在国外很少，而我国从西南到西北均有分布；绿色和蓝色的萤石在西方国家不多见，我国则很普遍，湖南省耒阳市上堡矿的晶洞中甚至产出数十至上百吨的绿色萤石晶体。

（5）许多风景名胜区和旅游胜地，如广西桂林、湖南武陵源地区、四川自贡、湖北利川、山东临朐山旺等地分布有令人陶醉的观赏石，都是我们千秋万代引以为豪的宝贵财富。

我国各地均有观赏石分布，具体见表3-2。

表3-2 　　　　　　　　　　　中国主要观赏石名称及产地

观赏石类别	观赏石名称	产地
矿物晶体类	雌黄	湖南、甘肃、云南、四川等
	雄黄	湖南、云南等
	辰砂	湖南、贵州等
	石英	江苏、海南、新疆、内蒙古、广东、广西、云南、山东、河南等
	方解石	湖南、贵州、江西、广东、广西、河北、内蒙古、新疆等
	萤石	湖南、江西、浙江、福建、云南、贵州、河北、内蒙古、陕西、新疆等
	石膏	贵州、新疆、青海、四川、湖南等
	绿柱石	新疆、内蒙古、青海、甘肃、山西、河南、江西、湖南、四川、云南、广西、海南、福建等
	刚玉	山东、云南等
	尖晶石	云南、福建、江苏、河南、河北、新疆、内蒙古等
	电气石	新疆、内蒙古、云南、甘肃、河南、广东、四川、陕西等
	黄玉	内蒙古、新疆、云南等
	石榴石	河北、河南、山东、山西、内蒙古、新疆、陕西、青海、甘肃、辽宁、吉林、江苏、浙江、福建、广东、广西、湖南、湖北、云南、贵州等
	辉锑矿	湖南、贵州等

（续表）

观赏石类别	观赏石名称	产地
矿物晶体类	辉铋矿	广东、湖南等
	黄铁矿	湖南、湖北、浙江、陕西等
	自然硫	台湾等
岩石类	太湖石	江苏、山东、北京、安徽、福建、广西、云南、浙江等
	英石	广东
	昆山石	江苏
	灵璧石	安徽
	钟乳石	广西、云南、贵州、广东、四川等
	孔雀石	广东、湖北、江西等
	风棱石	新疆、内蒙古等
	火山弹	黑龙江、海南等
	玛瑙	辽宁、内蒙古、黑龙江、新疆、西藏、湖北、广西等
	雨花石	江苏
	三峡石	湖北
	昆仑彩石	青海
	菊花石	湖南、陕西、湖北、北京、河北等
	大理石	云南、甘肃、山东等
	和田玉	新疆、台湾、四川、青海、甘肃、西藏等
	寿山石	福建
	鸡血石	浙江、内蒙古
化石类	三叶虫	山东、湖南、云南、四川、贵州、湖北、安徽、江苏等
	腕足类	湖南、湖北、广西、云南、贵州等
	头足类	湖北、湖南等

（续表）

观赏石类别	观赏石名称	产地
化石类	海百合	贵州、云南、四川、湖北等
	鱼类	辽宁、浙江、山东、云南等
	蜥鳍类	贵州、西藏、安徽等
	遗迹化石	河南、湖北、江西、江苏、山东等
	硅化木	新疆、甘肃、山西、北京、河北、辽宁、江西、云南等
	琥珀	辽宁、河北、云南等
陨石类	陨石	山东、吉林、新疆等
现代生物礁	珊瑚	台湾、福建、海南等

中国主要观赏石

一、湖南辰砂

辰砂又被称作"朱砂"，它是一种棕红色、色彩鲜艳的彩石。辰砂化学成分为硫化汞（HgS），三方晶系，晶体呈板状或菱面体状，集合体呈不规则粒状、致密块状或土状，晶簇常呈菱形双晶体、大颗粒单晶体（图3-3）。半透明或不透明，鲜红、朱红、浅红、暗红色或条痕红色，有时因表面氧化带铅灰色，对光敏感，有很高的折射率，金属光泽、金

▲ 图3-3 辰砂晶体

41

刚光泽或玻璃光泽，摩氏硬度2～2.5，比重8.2，性脆；仅产于火山岩、热泉沉积物、低温热液矿床、断层角砾白云岩晶洞中，常与石英、雄黄、雌黄、方解石、辉锑矿、黄铁矿、白玺石等共生。

辰砂是我国的优势矿种，湖南、贵州、四川均有出产。湖南的辰砂矿区主要在湘西，均属低温热液汞矿或为柱层汞矿带；在湖南的凤凰县、新晃县、麻阳县、吉首市等地都有分布。新晃、凤凰所产的辰砂大都生于石灰岩或白云岩中，呈细脉状或散点状分布，常与石英、黄铁矿、辉锑矿共存。

现珍藏于北京地质博物馆的朱砂王，晶体长达65.4 mm，短径35～37 mm，质量为237 g。其质地纯正无瑕，颜色鲜红明亮，菱面体形如鱼鳍，晶体完整良好，光芒四射，五彩缤纷，瑰丽奇特，令人神迷，这枚朱砂王的彩照，除印制在1982年8月25日中国邮电部发行的"T73"矿物晶体纪念邮票上外（图3-4），还先后刊载于诸多刊物上。它是迄今为止中国乃至世界上已知发现的最大的天然朱砂矿物晶体，在业界享有非常高的知名度，有"世界朱砂王"的美誉。

△ 图3-4　朱砂王邮票

二、郴州方解石

郴州方解石主要出自湖南省郴州市桂阳县的雷坪有色矿、北湖区的东波矿和大奎上乡等地。郴州方解石质好量大，状如山花灿烂、晶莹夺目，极具观赏性（图3-5）。

△ 图3-5　郴州方解石

雷坪矿所产的方解石晶体品种较多，晶形有正四方形、柱状、四方体锥状、钉状、狗牙状等，颜色有枣红、粉红、米黄、乳白、棕色等，其中的红色立方体方解石、红色立柱体方解石晶簇、黄色透明钉状方解石等品质较佳。大奎上乡所产的方解石晶体硕大，呈乳白色，表面光泽透亮，单晶最大达30 cm，一般均在10～20 cm，晶形为四方锥体状，呈不规则连体晶簇，大者以吨计，形如玲珑剔透、雪白如玉的莲花。

三、园林奇葩——太湖石

太湖石因产于太湖地区而得名。狭义概念的太湖石仅指产于环绕太湖的西洞庭山和宜兴一带的石灰岩造型石（图3-6、图3-7），而产于其他地方的与太湖石特征相同或基本相同的石体，则以各自的产地命名，或以产地参与命名。例如产于安徽巢湖地区的称为巢湖石（又称巢湖太湖石）、产于广东英德市的称为英石（又称英德太湖石）、产于北京房山的称为北太湖石、产于山东临朐的称为临朐太湖石等。

实际上，像太湖石这样的造型石，除上面提到的以外，在我国其他省区如浙江、福建、广西、云南、贵州、河北等地也有产出。可以说，凡是有石灰岩出露的

△ 图3-6　黄太湖石（产地·江苏太湖）

△ 图3-7　红太湖石（产地·江苏太湖）

地方，只要水文地质条件具备，都可以形成此类观赏石。如果都以各自的产地命名，或以产地参与命名，势必造成同物不同名的混乱现象，显然，这种命名方式需要进一步完善和统一。另外，不少这类石体，其产地特征并不明显，一旦远离原产地，就难以鉴别出它究竟产自何处，而且大多数情况是没有必要查明原产地的。就像大家熟知的大理岩一样，产地并不参与命名，商业上也是以品质优劣论价，不强调是云南大理所产，还是其他什么地方所产。鉴于同样道理，与太湖石特征相同或基本相同的一类石体，都可称为太湖石，即广义概念的太湖石。广义太湖石应该是指与太湖石的岩性、成因及外部形态等特征相同或基本相同的造型石。

1. 岩性特征与成因

太湖石的岩性为石灰岩，主要矿物成分为方解石（$CaCO_3$），摩氏硬度3，岩石多呈灰色、灰白色，也见有粉白色、灰黑色等。石体上常见有白色方解石细脉和团块，偶尔也见有燧石结核或条带。燧石的颜色为灰黑色、黑色，摩氏硬度6～7，成分为玉髓（SiO_2，即隐晶质石英）和蛋白石（$SiO_2 \cdot nH_2O$，非晶质）。

产于太湖西洞庭山一带的石灰岩，其时代为石炭—二叠纪，距今3.5亿～2.25亿

年。由于石灰岩长期受到含有二氧化碳的水的溶蚀作用和波浪冲蚀作用，久而久之便形成了各种各样造型奇特、布满孔洞的太湖石。

2. 太湖石的鉴赏和评价

在造型石中，太湖石的评价标准相对较为成熟和统一。这主要得益于宋代著名书画家、赏石家米芾（字元章）的相石法。但米公相石法的原论究竟是什么，未能找到原著。据宋代渔阳公的《渔阳石谱》记载，"元章相石之法有四语焉：曰秀曰瘦曰雅曰透，四者虽不能尽石之美，亦庶几……"任何一种理论，都有一个不断完善的过程，米公相石法也不例外。有

——地学知识窗——

玉髓

玉髓是一种矿物，又名"石髓"，玉髓其实是一种石英，SiO_2的隐晶质体的统称，它是石英（隐晶质）的变种。它以乳状或钟乳状产出，常呈肾状、钟乳状、葡萄状等，具有蜡质光。玉髓形成于低温和低压条件下，出现在喷出岩的空洞、热液脉、温泉沉积物、碎屑沉积物及风化壳中。

人认为瘦、皱、漏、透四字诀既是米公相石法，又是后人不断总结、不断完善形成的。赏石界还有将瘦、皱、漏、透、清、顽、丑、拙八字作为评价标准。也有将太湖石的评价标准归纳为：瘦、皱、漏、透、洁、顽、丑、拙、怪、质、色、形、秀、奇、雄十五个字。这十五字评价标准过于繁杂，如果是对所有观赏石而言，则有待进一步探讨，如用来评价太湖石就值得商榷。例如"拙"这一标准，有人明确指出，拙石多指花岗岩，即由球状风化作用形成的没有棱角呈浑圆状的花岗岩石体，或又大又笨之石。至于质和色，根据太湖石的岩石学特征，其质地都较为致密细腻，看不出有明显差别；太湖石也无鲜艳的色彩，这也是其岩性所决定的。

还有人在瘦、皱、漏、透的基础上增加一个"秀"，作为评价太湖石的标准，其实瘦中已包含了秀的意思。

综合太湖石的基本特征，本书将瘦、皱、漏、透、奇作为太湖石的评价标准。

瘦：指石体苗条多姿，挺拔秀丽，有亭亭玉立之势。

皱：指石体表面多褶皱，呈现出有韵律的凹凸变化。

漏：指石体上布满大大小小的孔洞，且上下、左右、前后孔孔相通，曲曲折折，玲珑剔透。

透：指石体上孔洞多，与漏不同的是其孔洞多为前后方向通透，站在石体前方，可通过孔洞看到其后面的景物。

奇：指石体的造型奇特。有些石体在瘦、皱、漏、透方面欠佳，但整体造型奇特。

3. 著名太湖石的历史文化赏析

我国对太湖石的开发利用至少始于唐代，在白居易的《太湖石记》中有"石有聚族，太湖为甲，罗浮、天竺之石次焉。"另有唐吴融的《太湖石歌》称："洞庭山下湖波碧，波中万古生幽石。铁索千寻取得来，奇形怪状谁能识。"

南宋范成大在其《太湖石志》中称："太湖石，石生水中者良。岁久，波涛冲激，成嵌空石……名曰弹窝。亦水痕也。"《明一统志》记载了"苏州府洞庭山在府城西一百三十里大湖中，出太湖石。以生水中为贵，形嵌空，性湿润，扣之铿然。在山上者枯而不润。"《清一统志》也载有苏州"龟头山在县西南，亦洞庭支岭也，山产青石。有天然玲珑者，谓之花石。"

太湖石是江苏省三大观赏石之一（另两种是雨花石和昆山石），也是我国古代著名四大玩石之一（另三种是灵璧石、英石和雨花石），自古以来都是我国园林石中的佼佼者，是造园的首选石种，所以在许多园林中都能见到太湖石的身影。

四、玉振金声——灵璧石

灵璧石产于安徽省灵璧县。许多观赏石都是以产地命名的，例如太湖石、英石等。而灵璧石则不然，因为当地盛产灵璧石而更改了县名。原来虹县产有"石质灵润如玉璧"之石，宋代已大量开采，于是将虹县更名为零璧县，不久又改为灵璧县并沿用至今。灵璧石适宜制磬，无论

是用小棒轻击，还是用手微叩，都可发出优美的声音，有的石体因敲击部位不同能发出类似八个音符的音调，故灵璧石又被称为磬石、八音石，享有"玉振金声"之美称。

灵璧石的岩性大都为石灰岩，主要矿物成分为方解石，摩氏硬度为3（即方解石的硬度），颜色多为黑色、灰黑色，也有灰色、灰白色等。有的石灰岩中有白色方解石细脉和团块。有的石灰岩含有燧石结核或条带，燧石颜色呈灰黑色、黑色，摩氏硬度6～7，属于燧石结核灰岩或燧石条带灰岩。也有的石灰岩含有海藻（如层纹石、叠层石等），属于藻灰岩。

灵璧石的成因与英石的成因基本相同，凡石灰岩类的岩石，在自然界都易遭受到溶蚀风化。有资料表明，雨水和地表水含有二氧化碳，这些水进入土壤后，二氧化碳含量会显著增加，并含有机酸，这主要是由于有机质氧化分解造成的。由山体上崩落的石灰岩块，有的暴露在地表，有的被埋入土中，它们受到雨水、地表水及土壤水的长期溶蚀，便形成了表面多沟壑、造型奇特、生动形象的灵璧石（图3-8）。

——地学知识窗——

叠层石

叠层石（stromatolite)是前寒武纪未变质的碳酸盐沉积中最常见的一种"准化石"，是原核生物所建造的有机沉积结构。由于蓝藻等低等微生物的生命活动所引起的周期性矿物沉淀、沉积物的捕获和胶结作用，从而形成了叠层状的生物沉积构造。因纵剖面呈向上凸起的弧形或锥形叠层状，如扣放的一叠碗，故名叠层石。

▲ 图3-8　祥云（产地·安徽灵璧）

1. 主要品种

灵璧县的山丘较多，有大小山头近二百座，由于这些山体岩性上的差异，所造就的观赏石也各具特色。有人将这些观赏石统称为灵璧石，并细分出几十个品种。

造型石可以同时具有纹理或图案，但奇特的外部造型是其主要特征，也是分类的依据。本书将灵璧石划分为五大品种。

（1）金声灵璧石

金声灵璧石的主要特征是敲击石体能发出金属般悠扬悦耳的声音。石体表面

多沟壑，造型奇特多样。颜色有黑色、灰黑色、棕黑色、灰棕色、褐灰色等，其中以黑色为最佳。该品种石质细腻，结构致密，适宜制磬，是传统灵璧石中的一个主要品种。

（2）纹饰灵璧石

纹饰灵璧石的主要特征是在黑色、灰黑色等暗色石体上分布有自然流畅、纹路规则或不规则的白色细纹（图3-9）。纹路规则的有龟背纹、手指纹等；纹路不规则的富于变化，有流水纹、弧形纹，有时纹路杂乱。在纹饰灵璧石中，有些石体底色为黑色、质地细腻，轻轻敲击也能发出像金声灵璧石一样响脆的声音，但它具有纹饰，以此区别于金声灵璧石。

▲ 图3-9　纹饰灵璧石（产地·安徽灵璧）

（3）嵌空灵璧石

嵌空灵璧石的特征是石体上具有凹

陷和孔洞，即具有像太湖石一样的漏、透特征（图3-10）。

▲ 图3-10　碧海出屉（产地·安徽灵璧）

▲ 图3-11　悬崖绝涧（产地·安徽灵璧）

（4）白玉灵璧石

白玉灵璧石的主要特征是石体以白色为主，或具有大小不一的白色团块，且在白色基底上常生长有许多红色、红褐色、黑色等高出石面的次生物小突起。这些次生物尽管不致密，但是对石体起着点缀作用，可谓是锦上添花，给这个品种增添了无穷的艺术魅力。

（5）莲花灵璧石

莲花灵璧石的主要特征是石体上有许许多多深浅不一的纵向和斜向沟壑，将石体切割成类似莲花状的象形石体（图3-11）。石体上部的沟壑与石体底部的沉积层理巧妙组合，确有黄山莲花峰的气势。该品种颜色多为灰色、灰白色。

2. 灵璧石的评价

灵璧石的品种较多，有的品种与太湖石相似，但多数品种与太湖石有着明显差异，所以，评价灵璧石除遵循皱、透、奇的标准外，还应增加声、纹、质、色标准。即：皱、透、奇、声、纹、质、色七字标准。透、奇参见太湖石的评价，这里不再赘述。但皱的特征与太湖石有所区别，灵璧石的皱指表面多沟壑。

声：指敲击石体，能发出清脆悦耳的声音，以能发多音或八种声音的为最佳。

纹：指石体具有清晰美观的白色细纹。

质：指石体的结构致密，质地细腻。

色：指石体的颜色。由于灵璧石的品种较多，不同品种往往颜色不同，不能以某一种颜色作为统一的标准。例如金声灵璧石以黑色最佳，而白玉灵璧石则以白色点缀俏色（也称巧色）为佳。

3. 历史文化赏析

灵璧石是我国开发利用较早的观赏石之一，在北宋时已大量开采。北宋末年，徽宗皇帝赵佶为修建宫殿和花园，兴办"花石纲"，除在江南搜罗太湖石外，还在灵璧县搜罗了许多灵璧石。

苏轼任徐州太守期间，也多次到灵璧县觅石清供，还曾到灵璧县拜访张氏花园的主人（张氏花园即后来写进《云林石谱》的"张氏兰皋亭"），欣赏了园中的灵璧石，并应张氏之邀，写了一篇《灵璧张氏园亭记》留传后世。

宋代杜绾（号"云林居士"，唐杜甫后裔）撰著的《云林石谱》于宋高宗绍兴三年（1133年）问世，书中对灵璧石作了详细记述：宿州灵璧县，地名磐石山，石产土中，采取岁久，穴深数丈。其质为赤泥渍满，土人以铁刃遍刮三两次，既露石色，即以黄蓓帚或竹帚兼磁末刷治清润，叩之，铿然有声。石底渍土有不能尽去者，度其顿放，即为向背。石在土中，随其大小，具体而生，或成物像，或成峰峦，巉岩透空，其状妙有宛转之势，亦有窒塞，及质偏朴。

《云林石谱》收石116种，灵璧石被放在首位介绍，足见灵璧石在众多观赏石中的特殊地位。"灵璧一石天下奇，声如青铜色碧玉。"是诗人方岩对灵璧石的赞誉。诗人范成大得到一块玲珑可爱的灵璧石，作《小峨眉歌》而颂之。宋末又有《宣和石谱》问世，使人们对灵璧石有了更深刻的认识。明代的《格古要论》《长物志》《素园石谱》《灵璧石考》等，也都对灵璧石作了极高评价。

目前，存世的灵璧石在苏州网师园、开封大相国寺、广州中山堂、北京故宫等地都能见到。

五、雄奇陡峭——英石

英石（图3-12、图3-13），又称英德石或英德太湖石，因产于广东古英州（即今英德市）而得名。按其岩性、成因及外部形态等特征，属广义太湖石，应并入太湖石中，但英石是我国古代著名的四大玩石之一和著名的三大园林石之一，其名称应予以保留。

1. 岩性特征与成因

英石的岩性为石灰岩，主要矿物成

——地学知识窗——

摩氏硬度

　　摩氏硬度是表示矿物硬度的一种标准，是用棱锥形金刚钻针刻划所试矿物的表面而发生划痕，用测得的划痕的深度分十级来表示硬度（刻划法）：滑石1（硬度最小），石膏2，方解石3，萤石4，磷灰石5，正长石6，石英7，黄玉8，刚玉9，金刚石10。

▲ 图3-12　英石1（产地·广东英德）

▲ 图3-13　英石2（产地·广东英德）

分为方解石，摩氏硬度3（即方解石的硬度）。颜色多为灰黑色、灰色。石体上常有白色方解石细脉和团块，有人将这种细脉称为石筋。

英德一带为石灰岩地区，石灰岩属易溶蚀岩石，在气候潮湿、雨量充沛、地表水地下水丰富及常年气温较高的有利条件下，岩溶地貌发育，裸露的石灰岩耸峙地面，崩落下来的石块，有的散布于地表，有的埋入土中，经过流水和土壤水的溶蚀，日积月累，便形成了各种造型的英石。

2. 英石的评价

英石的评价标准与太湖石相同，即：瘦、皱、漏、透、奇。

3. 历史文化赏析

我国对英石的开发利用始于1000多年前的五代后汉，不晚于北宋。宋代杜绾的《云林石谱》及明代计成的《园冶》都有英石的记述。《明一统志》记载有"英德县出英石。乡评云：峰峦耸秀，岩窦分明，无斧凿痕，有金玉声。"《英德县志》载：历代富商巨贾以经营米粮赢利，而穷苦百姓则以采售观赏石为生。这里的观赏石即英石。

英石中最著名的是置于杭州西湖畔江南名石苑的绉云峰。此石为江南四大名石之一，以皱著称，皱绝江南，同时也是瘦的典型。石体260 cm×90 cm×40 cm，"形同云立，纹比波摇"，是一块不可多得的珍品。这块英石也有一段不寻常的经历。明末清初，青年吴六奇流浪到浙江海宁，在他穷困潦倒之际，遇到了伯乐查继佐，吴受到了查的礼遇和资助。后来吴在清军中屡立战功，官至广东提督。吴特邀查到广东游历，报答知遇之恩。查在吴的府第发现了这块英石，大为称奇，摩挲终日，并题名"绉云峰"。吴见查爱石如此之切，便暗地里差人将此石千里迢迢移置海宁查家，等查回到海宁，喜见绉云峰已矗立在自家百可园中。查辞世后，石流落武原顾氏之手。海宁马汉经与顾氏协商，将石送回。

六、玲珑秀骨——昆山石

昆山石又称昆石，因产于江苏省昆山而得名。因昆山石嵌空多窍，小巧玲珑，故又被称为玲珑石。它与太湖石、雨花石同为江苏省三大著名观赏石。

1. 岩性特征与成因

昆山石的岩性为白云岩，颜色呈白色，是距今5亿年前的寒武纪海相环境的产物，主要矿物成分是白云石，由溶蚀作用形成，石体玲珑多孔，并且在石体上常可见到后期硅质溶液沿白云岩裂隙、孔洞贯入形成的水晶晶簇，恰似雪花点缀，在阳光照射下，光芒闪烁，奇异瑰丽，大大提高了昆山石的观赏价值。昆山石既具太湖石的美姿，又兼钟乳石之秀逸，从古至今都是备受人们喜爱的观赏石。

2. 历史文化赏析

相传昆山石的开采至少始于宋代，已有1000多年的历史。据《昆山县志》记载："玉峰山产玲珑石，极天铲神镂之巧，好事者购清供玩，一拳千金。历代官府恐伤山脉，时有立碑禁凿。物以稀为贵，昆石身价愈高。元、明时期，昆石已是馈赠之上等礼品。"元代诗人张羽，曾

得友人赠送的一块昆山石，乃作诗答之："昆邱尺璧惊人眼，眼底都无嵩华昌。隐岩连环蜕山骨，重于沉水辟寒香。"明代计成的《园冶》记载："昆山县马鞍山，石产土中，为赤土积渍。既出土，倍费挑剔洗涤。其质累块，块岩透空，无耸拔峰峦势，叩之无声。其色洁白。"

元、明时开采的品种较多，其中以玉峰山东山的"杨梅峰"，西山的"茄子峰"，后山的"海蜇峰"，以及前山翠尾岩的"鸡骨峰"（图3-14）和"胡桃峰"（图3-15）等最为名贵。昆山石块体一般都较小，多用于室内装饰，或制作盆景，

▲ 图3-14　昆石—鸡骨峰（产地·江苏昆山）

▲ 图3-15　昆石—胡桃峰（产地·江苏昆山）

大块石体较少，置于昆山亭林公园一对亭子中的"秋水横波"和"春云出岫"两块古代开采的昆山石，堪称稀世珍品。

"孤根立雪以琴荐，小朵生云润笔床"，这是元朝诗人张雨在《得昆山石》诗中对昆山石的赞美。它与灵璧石、太湖石、英石同誉为"中国四大名石"，在观赏石中占据着重要的地位。另有诗赞曰："亭亭壁立一孤峰，眼底冰凌浸石中，造化天工成秀骨，万千洞壑锁玲珑"。昆山石属于历史悠久、独特珍贵、稀有、存世量小、流传范围小、不能再开采的石种。

大约在数亿年以前，由于地壳运动的挤压，昆山地下深处岩浆中富含的二氧化硅热溶液侵入了岩石裂缝，冷却后形成石英矿脉。在这石英矿脉晶洞中生成的石英结晶晶簇体便是昆山石。由于其晶簇、脉片形象结构的多样化，人们发现它有"鸡骨峰""胡桃峰"等十多个品种，分产于玉峰山之东山、西山、前山、后山、中山。鸡骨峰由薄如鸡骨的石片纵横交错组成，给人以坚韧刚劲的感觉，它在昆山石中最为名贵；胡桃峰表面皱纹遍布，块状突兀，晶莹可爱。此外还有"雪花峰""海蜇峰""杨梅峰"等品种，多以形象命名。昆山石总的看来是以雪白晶莹、窍孔遍体、玲珑剔透为主要特征。

七、天赐国宝——雨花石

雨花石是江苏省三大观赏石之一，也是我国古代著名的四大玩石之一。凡是见过雨花石的人，无不被它那圆润的外形、斑斓的色彩、美丽的纹理或图案所吸引。如果将雨花石置于雨水之中，减少了表面对光的漫反射，更显得晶莹剔透、五光十色，纹理和图案异常清晰，令人赞叹不已，自古以来备受人们的喜爱。雨花石不仅在我国大陆及香港、澳门、台湾地区拥有众多的爱好者和收藏者，而且还远销俄罗斯、日本、澳大利亚、美国、英国、法国、意大利等国家。

市场上的雨花石售价高低差距悬殊，从几元钱到几十万元钱不等。不同经济状况的收藏者，都可以挑选到适合自己的雨花石，就连寻常百姓也常有人买些自己喜欢的雨花石放在鱼缸里或花盆中观赏。

1. 基本特征与评价

（1）岩性特征与成因

雨花石在地质学上属于砾石，即我们通常称呼的鹅卵石。其岩性较杂，主要是一些硬度相对较大的硅质岩，硬度 $5 \sim 7$，密度 $1.9 \sim 2.66 \ g/cm^3$，岩石遭受自然风化破碎后，岩块被流水冲击、搬运，相互碰撞、滚磨，便形成卵形或接近卵形、表面光滑的砾石（图3-16、图3-17），其粒度直径多在2~5 cm。根据雨花石磨圆度较好这一特征，可知是经过流水长距离搬运和磨蚀而形成的；又根据砾石层具有明显的层理和斜层理，地质科技工作者认为，雨花石是由古长江及其支流搬运、堆积在南京附近长江古河床中的砾石，砾石层平均厚度约10 m。其堆积

▲ 图3-16　龙凤吉祥（产地·江苏南京）

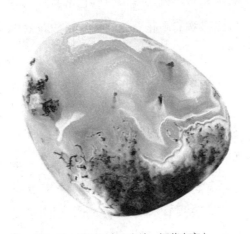

▲ 图3-17　银河相会（产地·江苏南京）

时代为距今约100万年前的第四纪早更新世。该砾石层被命名为"雨花台组"，主要分布于南京、六合、仪征等地。

有的书籍上称，雨花石形成于距今约1200万年至300万年前，这种说法无意义。因为雨花台组砾石层属于第四纪早期是不争的事实，而第四纪始于距今约200万（有说是300万）年前，也就是说雨花台组砾石层最早也早不过第四纪开始的年代。如果说是指砾石原岩的形成年代，那么凡是在第四纪以前形成的长江流域的岩石，破碎后的石块，都有可能成为雨花台组的砾石。所以，砾石原岩的形成年代，不等于雨花台组砾石层的形成年代。

长江古河床的砾石层在其他地方也有，例如安徽安庆、江西九江、湖北宜昌等地。现代的砾石层，在许多山区溪流的河床上都可以见到。

（2）雨花石的评价

雨花石最初是指具有雨花状图案的玛瑙，现在人们习惯把产于雨花台组砾石层中的砾石，都称之为雨花石。这样一来，雨花石的品质优劣差距悬殊，产地的群众将优质雨花石称为细石，将劣质雨花石称为粗石。被称为细石的雨花石是指具有纹饰或图案的玛瑙和玉髓；粗石是指除了玛瑙、玉髓以外其他成分的雨花石。

评价雨花石的优劣一般按照以下标准：

颜色：好的雨花石，应具有丰富艳丽的色彩，或浓淡搭配巧妙，或色彩对比鲜明。

石质：包含两个方面。一是指岩性，以玛瑙砾石和玉髓砾石为佳，其他岩性的砾石要差些。二是指砾石的外观，优质者细腻润滑、晶莹剔透，无破损，无裂纹，无疤坑或少疤坑。

纹理：以纹理流畅、细密清晰、曲折多变者为佳。通过纹理的变化能构成奇特图案者更佳。

图案：雨花石中的上品、精品，大都具有惟妙惟肖的图案（图3-18、图3-19、图3-20）。有的似日月彩霞、山川名胜；有的如山花烂漫、四时景色；有的像人物、动物或文字，令人称绝。

🔺 图3-19 黄果树瀑布（产地·江苏南京）

🔺 图3-20 奇葩（产地·江苏南京）

形状：即砾石的外形。雨花石多呈椭圆形、扁圆形，也有浑圆形、梨形等。总之，大体上都是卵形，并非奇形怪状、千姿百态。所以，雨花石的形状，并不是一个重要的评价标准。

🔺 图3-18 丽日中天（产地·江苏南京）

雨花石的评价标准，在一般情况下可作为砾石类纹理石和图案石的评价标准使用。

2. 历史文化赏析

雨花石还有个神话故事。据《高僧传》记载，南朝梁武帝时期（502～549），一位法号云光的高僧，在南京市中华门外石子岗设台讲经说法。精诚所至，感动了上苍，顷刻，天降雨花，雨花落地化为五彩石子，后人便将设台讲经的石子岗称为雨花台，五彩石子则被称为雨花石。雨花石凝天地之灵气，聚日月之精华，孕万物之风采，被誉为"石中皇后"。

我国对雨花石的开发利用要比神话故事早得多。据考古发现，在南京阴阳文化遗址中已有雨花石及用雨花石制成的珠、管、圈和半环状装饰品等，说明在五千年前，南京的早期居民就已开发利用雨花石了。

自唐宋以来，许多文豪雅士都钟情于雨花石。唐代苏鹗作《杜阳杂编》；据说，宋代大文学家苏轼曾用饼换取小孩子拾到的五彩石；元代郝经写有《江石子记》；明代孙国籽撰《灵岩石子记》，著名书画家米万钟出高价广收雨花石；相传曹雪芹少年时去雨花台游玩，遇到不少人在捡拾、出售雨花石。于时就有人认为，曹雪芹正是由雨花石发天下之奇想，将女娲补天遗下的一块五彩石，幻化成"通灵宝玉"，写出了一部不朽的文学巨著《石头记》。

雨花石在明清时已是著名的观赏石，并有一石数金之说。

到了近代，雨花石受到更多人的喜爱。梅兰芳收藏雨花石；周恩来在南京梅园时，也将雨花石放入水碗中置于案头，郭沫若为此题诗曰："雨花石的宁静、明朗、坚实、无我，似乎象征着主人的精神。"

八、石中奇葩——菊花石

菊花石也称石菊花，是指具有菊花状图案的岩石或玉石（图3-21）。菊花状图案不是花的化石，而是柱状、针状、纤维状矿物呈放射状或束状排列的集合体。组成菊花状图案的矿物有天青石、红柱石、电气石、阳起石、硅灰石、矽线石、石膏、长石和石英，等等。可以说，凡是呈柱状、针状、纤维状的矿物，当它们的集合体在岩石中呈放射状、束状排列时都可形成状似菊花的图案。菊花石的具体名称，大都是根据组成花朵的主要矿物命名的，如天青石菊花石、红柱石菊花石等；也有少数是根据岩石名称命名的，如

△ 图3-21 菊花石（产地·湖南浏阳）

流纹岩菊花石。

（1）天青石菊花石

花朵由天青石组成，基底为石灰岩或灰黑色—黑色碳质板岩等。这类菊花石的产地有湖南浏阳、陕西宁强及湖北南部，其中以湖南浏阳产的菊花石品质最佳而名扬海内外。

浏阳菊花石产于浏阳永和镇浏阳河底岩层中，因附近有蝴蝶岭，故有"蝴蝶采菊"之说。相传在清代乾隆年间，当地乡民取石筑坝时，惊喜地发现石中有"菊花"，经乡中石匠琢磨雕刻，遂成为贡品。1915年，在巴拿马国际博览会上，用浏阳菊花石制作的"菊花瓶"荣获金奖。1959年湖南省向建国十周年献礼制作的"菊花石假山"，高1.2 m，宽

40～60 cm，质量达100 kg，号称"菊魁"，陈列于人民大会堂湖南厅，成为瑰宝。

菊花石中由天青石和方解石组成的花朵呈白色，立体感较强，分布在深灰色或黑色基底上，十分醒目。花朵直径多在5～8 cm，最大直径可达30 cm，小的在3 cm左右。按照花朵的大小和形态，可分为绣球花、蝴蝶花、铜钱花、凤尾花、蟹爪花等。有的花朵中心还有呈近似圆形的灰黑色燧石构成的花蕊。

（2）红柱石菊花石

产于北京西山，又称京西菊花石，是一种被称为"红柱石角岩"的变质岩。该地的菊花石清代已有记载，据说新中国成立前曾用来制作工艺品，后停采至今。菊花由红柱石组成，呈灰白色，基底为灰

黑色，价值远不如浏阳菊花石。

（3）流纹岩菊花石

产于河北省兴隆县，是一种具有特殊构造的流纹岩。当把这种流纹岩磨出光面后，就会清晰地显示出一朵朵怒放的小菊花，有人以"鲜花盛开的岩石"为题，介绍兴隆菊花石。经研究得知，菊花是由像头发丝一样的铁镁矿物雏晶和长石、石英雏晶呈放射状排列组成的。

（4）菊花石的评价

评价菊花石品质优劣，应注意以下几个方面：花朵形态要美观、逼真，直径大小适中，在基底上分布错落有致，疏密得当；基底越致密细腻越好，其颜色与花朵的颜色反差越大越好。

菊花石作为观赏石直接用来观赏，备受人们青睐。菊花石还是一种玉石，可制成各种工艺品。

九、河南恐龙蛋化石

中国的恐龙蛋化石，以河南省南阳地区的西峡盆地出产最多。西峡盆地恐龙蛋化石群分布面积约80 km²，恐龙蛋化石埋藏地点已确认的有7个，数量达万枚，其类型多样、分布密集、数量之多，堪称世界之最。其中以西峡县丹水镇上田村西坡最为集中，另在该县阳城乡赵营村西南白垩纪地层中，除有大量恐龙蛋化石外，还发现了恐龙骨骼化石。

西峡恐龙蛋化石群形成于距今约9000万年以前的中生代白垩纪晚期，目前已发现有6科9属13种，其小者如鸡蛋，直径4～6 cm，大者直径40～50 cm，以扁圆状居多，另有形如橄榄者，直径达50 cm以上。其中西峡长圆柱蛋（图3-22）为世界上独有类型，戈壁棱柱蛋为世界罕见。

西峡盆地恐龙蛋化石群分布面积大，在西峡县的丹水镇、阳城乡、内乡县赤眉乡等范围内均有蕴藏。埋藏较为集中，地下剖面有3个化石层，蛋化石呈窝状分布，排列有序，每窝十几到三十几枚不等。化石基本上完整如初，除少量蛋壳受岩层挤压表面略有凹陷外，大部分保存着较好的原始状态。蛋化石遗迹的形成过程和表现形式，亦保存得相当系统且完整，具有重大的科学研究价值。

▲ 图3-22 西峡长圆柱蛋

Part 4 山东观赏石

　　齐鲁大地，山川锦绣，从山峦起伏的胶东半岛开始，西至泰沂山区，南到微山湖畔，北至济南泉城，观赏石资源十分丰富。其中以鲁中山区及胶东地区储量大、品种多、色质俱佳。著名的观赏石有泰山石、泰山玉石、崂山绿石、长岛球石、竹叶石、燕子石、莒南铁牛陨石等。

山东观赏石的类型与分布

齐鲁大地，山川锦绣，从山峦起伏的胶东半岛开始，西至泰沂山区，南到微山湖畔，北至济南泉城，观赏石资源十分丰富。其中以鲁中山区及胶东地区储量大、品种多、色质俱佳。山东省著名观赏石资源详细情况见表4-1。

表4-1　　　　　　　　　　山东省观赏石名称及产地

观赏石类别	观赏石名称	产地
矿物晶体类	自然金	胶东地区
	自然银	招远
	自然铜	莱芜、淄博
	蓝刚玉	昌乐、临朐、五莲
	钛铁矿	莒南
	水晶	莒南、荣成
	紫晶	临朐
	玛瑙	费县、莱芜
	蛋白石	昌乐
	石榴石	济南、昌乐
	红柱石晶体	胶南、五莲
	电气石	蒙阴、新泰
	冰洲石	莱西、招远
岩石类	太湖石	济南、费县、临朐
	英石	威海
	钟乳石	泰安、沂源、沂水

（续表）

观赏石类别	观赏石名称	产地
岩石类	灵璧石	安徽
	艾山石	临沂
	峄山石	邹城
	蒙山石	费县、平邑
	砣矶石	长岛砣矶岛
	金钱石	平邑
	崂山绿石	青岛崂山
	泰山石	泰安
	木鱼石	长清、昌乐
	麦饭石	泰安、莱芜
	沂山石	临朐
化石类	三叶虫	莱芜、泰安、沂源
	鹦鹉螺类	淄博、肥城、济南
	贝类	莱阳、蒙阴
	角石类	济南、新泰
	菊石	肥城
	狼鳍鱼	莱阳
	鱼类	临朐山旺
	龟鳖类	临朐山旺
	鳄类	临朐山旺
	恐龙	诸城、莱阳、蒙阴
	蝙蝠	临朐
	山旺山东鸟	临朐
	中华河鸭	临朐
	犀牛	临朐
陨石类	陨石	莒南

山东主要观赏石

一、泰山石

泰山石，出自山东省泰山山脉的山川和峪沟中。泰山位于泰安市，海拔1 524 m，号称五岳之首。泰山石质地坚硬，结构细密，有的结晶颗粒较粗；形态为自然块体，古朴墩厚，呈次棱角形、浑圆形，多见不规则卵形，以显示图纹为主；基调沉稳、凝重、浑厚，多以渗透、半渗透的纹理画面出现。在灰白、灰黑、灰绿、浅红、黛青、黄、褐、黑等颜色的石面上，交织着千姿百态的白色纹理，或凸或凹，构成高山流瀑、古木枯枝、飞禽走兽、风流人物等图案，且光润亮泽，构图均衡、清晰逼真，各得其妙。色调多以黑白为主，有水墨画的清高淡雅，有的还巧妙地嵌入红或黄色的纹饰。如图4-1、图4-2所示。

泰山石的岩石为斜长片麻岩、黑云母角闪斜长片麻岩、片麻状花岗岩、花岗片麻岩及细粒角闪石岩等。其图纹是晚期浅色矿物斜长石、钾长石、石英等充填于不规则的原生裂隙中结晶而成，有的是由于地质原因，被重熔的斜长石、石英等浅色矿物岩汁，上升充填在浅部岩石的裂隙

▲ 图4-1 贵妃洗浴

▲ 图4-2 北国风光

中，形成各种网状、枝杈状、条带状、团块状等脉体。在地壳变动中，这些变质岩渐露地表，受漫长的自然风化后形成孤立块体，并崩落、滚入沟谷河道，经流水冲刷和砂石磨砺而成为观赏石。

泰山石图纹以凸显的石筋为佳。构成画面的白色纹路，有石筋和石皮之分。由于石筋和石体的硬度不同，经过千万年的风化、磨砺，使石筋逐渐突出石面，具有一种浮雕感。

泰山石在泰安市泰山主峰周围山区的东溪、西溪、东麓麻塔、下港峡谷以及山脉周边的溪流山谷皆有分布，尤以主峰西部桃花源峡谷中所产成色为佳。近年将济南历城、长清所产的黑白花卵石，也归入泰山石一类。泰安的泰山石由于混杂了部分山石，而不仅仅是卵石，故而感觉更粗更峻，构图以绮丽多姿的花纹及山水树木为主；济南的卵石主要是水冲石，其质地相对细密，画面则以人物和动物居多。泰山石中的佳品，多来自水冲石。

二、泰山玉石

泰山玉石出自山东省泰安市泰山山麓。该石为蛇纹石质玉，致密块状，质地细腻温润；颜色以绿色为主，有碧绿、暗绿、墨黑等色，石中含有黑黄色的斑点；半透明至微透明，油脂、蜡状光泽，摩氏硬度近于6。如图4-3所示。其品种有：泰山碧玉、泰山墨玉、泰山翠斑玉。泰山玉石开发较早，先秦时代已有名闻，是雕刻工艺品的佳材。泰山玉石是一种蛇纹岩，属变质超基性岩浆矿床，主要分布在泰安市道朗镇房庄村、石蜡村一带，为泰山玉与蛇纹岩、温石棉共生矿床。

▲ 图4-3　泰山玉石

泰山墨玉：质地细腻，色黑而晶莹，在阳光下显墨绿色，切割成片状后，多显出各种透明或半透明的图案，很有欣赏价值。泰山碧玉：质地晶莹，绿如夏荷，具暗绿、深绿、墨绿等色，尤以鲜绿为佳。泰山翠斑玉：又名白云玉，色洁如雪，间有浅绿纹路。

三、崂山绿石

崂山绿石，又名崂山绿玉，俗称海底玉，旧称崂山石，出自山东省青岛市崂

——地学知识窗——

潮间带

　　潮间带是指大潮期的最高潮位和大潮期的最低潮位间的海岸，也就是从海水涨至最高时所淹没的地方开始至潮水退到最低时露出水面的范围。潮间带以上，海浪的水滴可以达到的海岸，称为潮上带。潮间带以下，向海延伸至约三十米深的地带，称为亚潮带。

山东麓仰口湾畔，佳者多蕴藏于海滨潮间带。崂山绿石的矿物学名称为蛇纹玉或鲍纹玉，主要矿物组成是绿泥石、镁、铁、硅酸盐，杂有叶蜡石、蛇纹石、角闪石、绢云母、石棉等，质地细密，晶莹润泽，有一定的透明度。其色彩绚丽，以绿色为基调，有墨绿、翠绿、灰绿，以翠绿为上品，间有紫、赭、黄、白、灰等颜色，深浅变幻各不相同。如图4-4所示。多数绿石为层状结晶，有的排列均匀，有的厚薄悬殊，少数呈丝状、放射状结晶或云母结晶（有金星闪烁）；在石肤表面或石缝的夹层间有针状结晶的，俗称"挂翠"，常出现奇峰云谷、空山烟霞、石上清流等景观，具放射状结晶者有的呈现出奇峰高耸、岭脉延伸之景观，此为佳品。崂山绿

▶ 图4-4　崂山绿石

石具有玉石的性质,光洁细腻,硬度适中,经雕凿磨光,即呈现出晶莹润美的光泽。并有色彩多变、质地多变、结晶形体多变的特色。

崂山绿石的色泽静穆古雅,深沉静谧,多有自然图案,有的采集后稍加修饰即可供观赏,但有自然造型者甚少,主要观赏其色彩、结晶和纹理,可陈设于厅堂、几案欣赏,也可制作盆景。宋、元时已有人将其用于案头清供及制作文房用具,明、清两代始即成为名贵观赏石。崂山绿石按矿脉走向可分为水石和旱石:水石承受亿万年海水冲击浸透,光莹油润,适合雕琢的多为水石;旱石则经风蚀日剥,虽粗疏单调却尽显古朴,未曾雕琢的表面呈现潮水般纹理,如水墨山水画,极具苍茫悠远之意。崂山绿石按其产出形态主要分两种:即以翠面为主要特征的图纹石,亦称"板子石",供欣赏的是平展翠面所呈现之精彩图案;以石、翠混杂纠结成块为主要特征的造型石,亦称"镶嵌石",所展示的是立体的山川景观或各种抽象形态。20世纪90年代中期以后,"镶嵌石"渐成崂山绿石的主流,海坑石告罄后,"果老嵌石"上的旱坑石被开掘,此后的许多佳石,多采于此山之旱坑。因该石资源有限,以及为保护仰口景区的景观,现产出崂山绿石的几个海坑、旱坑已被国家彻底封闭保护。

四、长岛球石

长岛,历称庙岛群岛,又称长山列岛,由三十二座大小岛屿组成,统划为长岛县。月牙湾位于北长山岛的北端,海滩上由大小卵石堆积成一条长余2 000 m,宽余50 m的彩色石带,一个个圆润如玉,晶莹剔透,月牙湾的五彩卵石俗称球石。

长岛球石,又称长岛珠玑,出自山东省烟台市长岛县南菜园湾、月牙湾等地。该石质地坚韧,摩氏硬度为7左右,结构细腻,表面光洁润泽,形状大多为椭圆或扁圆,大者如卵,小者如珍珠。色泽绚丽多彩,红似玛瑙,绿如翡翠,紫同雕檀,洁如白玉;有的白底衬红纹、黄底洒蓝点,极像镏金赋彩、云霞缭绕。花纹精美,图案丰富,有山水风景,人形兽貌,花鸟鱼虫,烟雨墨汁等。以圆度高,石表润滑,色彩艳丽,花纹奇者为佳品。如图4-5所示。

长岛球石属石英岩,富含绿泥石、铁、铜、锰等多种矿物质,是经千万年海水冲刷、沙石磨砺而形成的球状图纹石。石上七彩萦绕,鲜丽夺目,变化无穷,具有较高的欣赏价值。

△ 图4-5 长岛球石

△ 图4-6 竹叶石—莱州产

△ 图4-7 竹叶石—临沂产

五、竹叶石

竹叶石，亦称鱼子石、五花石，主要出自山东省济南市长清区、临沂市平邑县、潍坊市临朐县等一带山坡上。该石为石灰岩，学名叫竹叶状灰岩，属寒武纪碳酸盐类的沉积岩，摩氏硬度约4~5；呈红、紫、蓝、黄、白、青灰、紫灰等颜色；石上纹理多为竹叶状，有的凸出石面，奇形分布，相间明显，清秀可爱；因花纹既像竹叶堆积又形似一团鲕状鱼子而得名。如图4-6、图4-7所示。

竹叶石原岩是集散于海里的碎石，经海水冲击、侵蚀成类似橄榄状长约0.3~10 cm的碎块后，被钙质的胶结物黏压在一起，在地壳变化中露出地面，受长期风化、雨水冲刷等作用而形成。

竹叶石多散布于半山坡上，大小不一，独立成块，极易觅寻。外形一般较完整，用淡盐酸清洗一下，即可获得理想的观赏效果。竹叶石形态各异，品种繁多，以石头上竹叶凸突石面、竹叶与基底泾渭分明、分布均匀者为佳。临朐南部青石山区产的竹叶石,石底色与石上纹理颜色对比鲜明,花色斑斓,石质细腻,具有较高的观赏价值。

六、临朐紫金石

临朐紫金石,出自山东省潍坊市临朐县冶源镇三阳山、二郎庙及石家河一带山岭的土中。该石质地致密嫩滑,温润如玉,色泽端庄,纹理缭绕,声音清脆。因石呈紫色间有不规则的金黄色纹理,故名紫金石。古代临朐县隶属青州府,故也称为青州紫金石(图4-8)。

◀ 图4-8 紫金石

——地学知识窗——

海侵和海退

海侵,在相对短的地史时期内,因海面上升或陆地下降,造成海水对大陆区侵进的地质现象,又称海进。

海退,在相对短的地史时期内,因海面下降或陆地上升,造成海水从大陆向海洋逐渐退缩的地质现象。海退的结果,常形成地层的海退序列,由下至上一般为:沉积物由细变粗或由碳酸盐岩变为碎屑岩;沉积时的海水由深变浅;海相沉积逐渐演变成海陆交互相沉积和陆相沉积。海侵和海退常紧密伴生,海退也具有周期性和旋回性,在时间和空间上也可区别为不同级别和规模。

临朐紫金石属钙质岩，摩氏硬度为3.5～4.5，磨光面显油脂光泽；色泽映紫，呈紫、褐紫、灰紫、酱紫等变化，嵌有浅黄、浅绿、绿黄、金黄、晕红等色带与色团；纹理大多清晰，少数朦胧，有豆绿色圆眼，含瞳子、色晕三至五层，有些部位映日泛银星。

临朐紫金石色紫纹黄，对比明显，易形成各类图案，可磨制成观赏石以及制作砚台和其他工艺品。紫金石砚手试如膏，泛墨如油。唐朝时曾"竞取为砚"，至宋朝初年，石源濒于匮乏，其后渐不见面世，近年又重新发现。临朐紫金石古以制砚而闻名，现在主要以观赏为主。

紫金石形成于距今约4.5亿～5亿年的早古生代，属浅海—陆台潮坪相沉积岩。岩性是泥质白云质粉晶灰岩。主要矿物成分是方解石，含量为90%左右，另有铁、锰等不透明矿物及白云石和泥质物。赋存于寒武系炒米店组中部的落层至中厚层深灰色泥云质条纹、条带灰岩，以及紫红色竹叶状灰岩和藻凝块灰岩韵律层中。含矿层厚1～2 m，内存的紫金石多呈透镜状或扁豆状，单体一般厚5～20 cm。

紫金石是在巨厚的沉积碳酸盐岩系形成过程中，于沉积间断之后和大规模海侵之前形成的。在海退阶段的陆台地段，以接受陆源为主的微细沉积物，因气候等原因泥状沉积物产生龟裂，继而再沉积填于龟裂缝隙中，然后又接受海侵后的连续沉积。由于先后沉积的物质中，铁、锰等含量的不同和化学反应的差异，使紫金石的紫色调石基和黄褐色不规则条纹，整体上呈龟背状和其他形状。

宋·唐询《砚录》："尝闻青州紫金石。余知青州，至即访紫金石所出。于州南二十里临朐界，掘土仗余及得之。"

七、淄博文石

淄博文石，又名汶石、博山文石、莱芜汶石，主要出自山东省淄博市博山、淄川两区。博山古为青州府益都县颜神镇，境内为石灰岩与花岗岩、泥板岩相间风化地貌，其神头黑石湾、蛟龙扫帚坡、石炭坞老猫窝、石马、万山、白石洞等地均有文石蕴藏。淄川区的西河、黑旺、磁村等地，也是文石的主要采集地。特别是神头黑石湾的文石，其石色较黑，纹理细腻丰富，间有白筋，质地坚硬，叩之有清越之声，自然形态较佳。淄博文石是青州石的一支，其赏玩起源于明末清初。

淄博文石的石质为石灰岩，部分含有白色石英岩。石灰岩一般为灰白色，但常因含有各种杂质而呈不同的颜色，如含铁者带红色，含有机质者变成灰黑色。淄博文石造型奇特，富有神韵，或为物状，或成峰峦，或玲珑剔透，千奇百怪，具有瘦、漏、透、奇、灵的特点。如图4-9所示。其中山形石峰峦参差，皴皱多变，有独峰、双峰和群峰等；象形石浑雅灵巧，形象逼真，有人物、飞禽走兽等；玲珑石具有奇、怪、丑的特点，洞窍奇秀、嵌空玲珑，突兀挺秀，瘦劲苍奇。淄博文石石表纹理脉络变化多端，具有点划交错、延伸、平行或弯曲等变化，形成斧劈皴、折带皴、披麻皴、荷叶皴、卷云皴、蜂窝皴、流水皴等立体皴皱。淄博文石大者多做园林庭院饰景，中小者的可雕座嵌之，陈设于几案欣赏。

淄博文石源于山体岩石，经漫长风化、地壳运动、水流冲刷等作用，被解离出来的石块深埋于酸性红壤土中，在含有机和无机酸的地下水长期溶蚀下，而残留下险怪多变或玲珑剔透的形状。当岩石中有裂隙时，其裂隙常被溶穿，形成沟、壑、孔、洞和千奇百怪的外形。

淄博文石大都深埋于巨石间酸性红黏土之中，新出土的原石表面沾满泥浆等附着物，孔洞中多为褐、赭色软土充塞，须洗刷、剔除后方可把玩。一般先用钢丝刷顺其纹路粗刷一遍，然后用稀盐酸冲刷，再用清水冲洗干净。若石表有比较坚硬的黄色钙质附着物，需用工具细心剔除；一时难以剔除的，可将其置于露天，经长期日晒雨淋，待有自然风化状时，再经人工剔除，则会露出其质朴无华的自然形态。

▶ 图4-9　淄博文石

八、金钱石

金钱石产于山东省平邑县北部蒙山脚下的白马关、九女关一带，是1998年春国内首次发现的观赏石种。金钱石又名富贵石，是灵璧石大家族中最名贵稀少的一个品种，主要成分为石英石、角闪石、长石。成矿热液，冷却后形成套杯状的纹理，蓝白相间，自然明快，古朴凝重。因其花纹状为古币，故名金钱石。

金钱石分为白金钱石（图4-10）和黄金钱石（图4-11）。白金钱石的主要矿物成分是二氧化硅，含有少量的角闪石、长石、云母石等，硬度7~8度，石中有套环状的花纹，蓝、绿、白、黄诸色相间，自然明快，古朴典雅。黄金钱石俗称牛眼石，其石质为硫铁矿石和滑石的混合物，硬度6度，石中花纹由赭黄色的硫铁

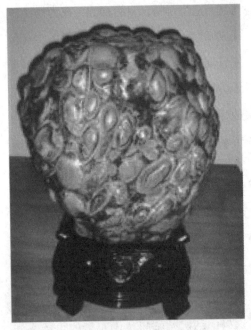

▲ 图4-11　黄金钱石

矿和淡绿色的滑石相杂形成，新奇和谐、形态独特。

金钱石矿点有的呈狭带状深埋于地下，有的裸露于地表，藏量较少。其中以色泽多样，花斑图层丰富、规则有序者为佳。其颜色有黄、红、绿、金钱色等多种，形状大小不一，大者重有数万斤，小者可纳于袖中。其中以黄色金钱石较为名贵稀少，石肤清润秀色。纹理由单线或复线的金钱纹组成，呈现出金玉满堂的特有景致。金钱石是深埋于地下，量少难采，极为珍贵的观赏石。该品种观赏石是亿年前自然成矿热液冷凝形成套环状纹理、蓝

▲ 图4-10　白金钱石

黑白相间花纹、状似古钱币的金钱石，经艺术加工成金钱石足球、茶几等工艺品后，深受国内外赏石人士的青睐，更成为其收藏珍品。

九、三叶虫化石

山东地区三叶虫闻名天下。三叶虫化石研究历史已具有一百多年，最早可追溯到上世纪初。1903年，美国古生物学家维里士来山东张夏开展相关研究，此后不断有古生物学家到此对三叶虫分布特征做科学研究。山东地区张夏—崮山地区寒武纪地层发育完整，赋存丰富的三叶虫化石（图4-12），使得张夏地区成为华北地区寒武系典型剖面产地。中国寒武纪区域地层格架中毛庄阶、徐庄阶、张夏阶、崮山阶等都命名于张夏—崮山地区，并以该地区分布的三叶虫作为地层界线划分的依据。

山东地区分布的三叶虫化石具有浓郁的地方特色，具体体现在"地域性"和"时代性"两个方面。"地域性"指在山东地区分布的三叶虫化石集中分布于鲁西地区，如济南、莱芜、淄博等地，共计39个化石产地。鲁东地区缺乏含三叶虫化石的早古生代地层。"时代性"含义为山东地区经历了寒武纪、奥陶纪沉积之后，受加里东运动影响，从晚奥陶世开始，华北板块整体抬升，导致山东地区由浅海沉积转为陆地环境，缺失上奥陶统—泥盆系沉积地层，使得山东地区分布的三叶虫只见于寒武—奥陶纪时期。

◀ 图4-12　燕子石（三叶虫化石）

山东地区三叶虫化石产地有39处（图4-13），其中济南有2处，淄博9处，泰安、莱芜各5处，潍坊2处，临沂11处，济宁4处，枣庄1处。而作为典型性三叶虫化石分布区，主要有济南市张夏一崮山地区、莱芜九龙山地区和泰安大汶口地区等。

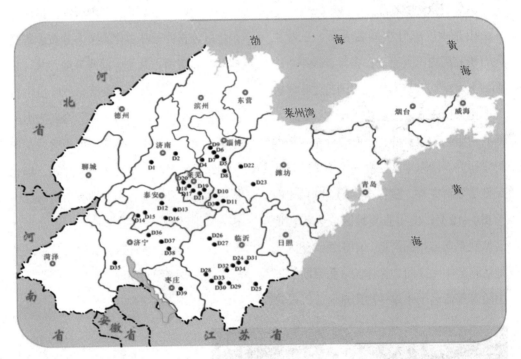

🔺 图4-13 山东地区三叶虫化石产地分布图

十、山旺化石

山旺化石，又称山旺古生物化石，是指产于我国山东省临朐县山旺村的化石。山旺古生物化石形成于1800万年前，是中国唯一、世界罕见的在中新世保存完整、门类齐全、具有不可替代和重要科学价值的地层古生物化石遗迹。已发现各类生物化石十几个门类600多属种。

山旺盆地地层区划属于华北地层分区的潍坊地层小区的新生代地层，是新近纪临朐群典型发育区，岩性多样而又具特色，由泥岩、黏土岩、砂岩、炭质页岩、硅藻土页岩、泥灰岩及火山喷发形成的玄武岩等组成，其中的山旺组硅藻土页岩含有极其丰富的多门类化石，质地细腻，颜色灰白，层理极为发育和丰富，分层极薄，1 cm的硅藻土竟达四五十层之多，被誉为"万卷书"，古生物学家、地质学家称其为"科学研究与美学观赏的天书"。

至今山旺已发现硅藻、孢粉、裸子植物、昆虫、鱼、两栖、爬行类、鸟、哺乳动物等10个门类，400余种属，1万余件，其门类之多，品种之全及体态之完美，属举世罕见。

植物化石有真菌、苔藓、蕨类、裸子、被子植物及藻类，以枝叶最多（图4-14），多数保留原有颜色，花、果实和种子也保存得非常完美。

动物化石有昆虫（图4-15）、鱼（图4-16）、两栖、爬行、鸟及哺乳动物，是20世纪末世界上发现鹿类化石最多、保存最好的化石产地，特别是山旺山东鸟、齐鲁泰山鸟等鸟类化石的发现，

▲ 图4-14　植物叶子化石

▲ 图4-15　昆虫化石

▶ 图4-16　鱼类化石

73

填补中新世时期之空白，成为中国鸟类化石重要的产地，被誉为化石宝库。

十一、诸城恐龙化石

诸城是重要的恐龙化石产地，不仅发现和装架了巨型山东龙、巨型诸城暴龙等数架恐龙骨架，在诸城库沟、龙骨涧、臧家庄、黄龙沟等地还发现了大量大面积暴露的骨骼和足迹化石，成为世界范围内发现暴露面积最大的恐龙化石群（图4-17），也是我国以大型鸭嘴龙类为代表的晚白垩世恐龙群，种类不仅有鸟臀目恐龙、蜥臀目恐龙骨骼化石，还发现有恐龙蛋化石（图4-18）、恐龙足迹化石（图4-19）以及恐龙病变骨骼化石。

库沟化石长廊位于诸城市龙都街道库沟村北，在长约600 m、斜深30 m的岩层剖面上暴露化石7 933块，是世界上埋

▲ 图4-17　恐龙化石

▲ 图4-18　恐龙蛋化石

▲ 图4-19　恐龙脚印

藏面积最大的恐龙化石群，化石属种主要为鸭嘴龙，还有纤角龙等。"意外诸城角龙"这一新属种的发现打破了"纤角龙科是比角龙科更为原始的种群"这一传统观念。

恐龙涧化石隆起带位长173 m，最宽处20 m，共发掘恐龙骨骼化石1 070块，含有巨大诸城龙、巨型山东龙、蛋壳、意外诸城角龙等骨骼化石。巨大诸城龙是目前世界最高大的鸟脚类个体，2009年获得吉尼斯世界纪录，被中外专家们称为"世界龙王"。

藏家庄化石层叠区揭露化石层约3 000 m²，暴露恐龙化石2 850块，含有诸城中国角龙、巨型诸城暴龙、巨大华夏龙、虚骨龙、甲龙、蜥脚类等骨骼化石。诸城中国角龙的发现填补了亚洲和北美恐龙挖掘方面的空白，是北美以外首次发现的大型尖角龙颈盾化石，是亚洲真正意义上的角龙化石；巨型诸城暴龙是亚洲最大、中国唯一的暴龙骨骼化石，甲龙化石是世界最大、最完整的甲龙骨骼化石。

皇龙沟恐龙足迹化石群产地位于诸城市皇华镇大山社区西南部。在长80 m、宽60 m的剖面上发现了集中分布的恐龙足迹化石11 000多枚，包括蜥脚类、兽脚类等恐龙足迹，最小的兽脚类恐龙足迹仅有7 cm，最大的蜥脚类恐龙足迹直径达100 cm。此处恐龙足迹化石种类多、分布广、数量大、保存好，是目前世界上规模最大的恐龙足迹化石群。

十二、莒南铁牛陨石

目前山东省发现的陨石观赏石只有一处，为莒南铁牛石铁陨石。位于山东莒南坪上镇铁牛庙村前的一个小院子里，卧伏着一头硕大的"铁牛"，它就是举世闻名的莒南铁牛石铁陨石（图4-20）。

铁牛石铁陨石通体呈褐色，半隐半露，南北而卧。北端牛头高扬，似全神贯注般凝视远方。牛首露出地面约70 cm，牛身中间部位略低，距地面上约40 cm形成完整的牛背。南端又比中间部位略高，大约高出地面50 cm，为牛臀，整块陨石比例恰当，酷似一头"吉祥牛"，成了一种力量和勇气的象征。用老百姓的话说：铁牛是天降吉祥!

该陨石主要成分为铁质，铁质组分约在70%以上，其次为硅、铝、镍等，还含有少量的铬、磷、硫和碳质组分等。该陨石主要矿物成分为锥纹石、镍纹石、合纹石、斜顽辉石和石英等，其次矿物成分为陨硫铁、陨磷铁镍矿、铬铁矿、石墨和磁铁矿等，综合物质成分和结构看，该陨石属石铁类陨石。

图4-20 莒南铁牛石铁陨石

铁牛陨石的陨落时间，本地史书却无记载。据村里老人讲：先有铁牛后建庙，先有庙宇后有村。百姓在铁牛陨落处修建庙宇称铁牛庙。该庙建于唐代，明代又重修建过，后毁于战乱。千余年来，群众都将陨石叫"铁牛"，因为来自宇宙，于是人们建庙祈求"铁牛"保佑苍生。

据专家推测，该陨石陨落约在唐代，至少已有1200多年的历史。当地百姓奉铁牛为神物，铁牛陨石自陨落至今，一直留在原地，没有搬动过。1958年曾有人试图融化它，庆幸的是，无论火烧还是锤击，陨石都毫发无损。陨石本身独特的成分使其得以保存下来。

"铁牛"的故事在莒南的民间流传广泛，其中最具代表性的传说有两个：

故事一：铁牛巡天。相传很久以前，负责巡视东海的天神铁牛将军照例在天际巡游。当从东海寻至坪上小镇时，发现一座茅屋中红光四射，顿感惊异。何物如此作怪，待我看个清楚。于是乘祥云来至茅屋上方，不料却是一村妇小解，当即大惊失色，失足跌落下来。原来那是一位怀有身孕的村妇，而天神是见不得孕妇小解的。

故事二：五牛入海。负责东海巡视的神牛是五员大将，以往按照大小顺序轮流出更巡视，到也乐得自在。五天值班一次，随后可以外出自由活动。慢慢地老大年迈，体力不支，就请兄弟们照顾自己，不在出更了。失去老牛直接监督的四个牛兄弟，起初按部就班地职守了几天。老二突发奇想：过去单独巡天太寂寞，可否约弟兄们一道巡天，岂不秒哉？想法得到了三个弟弟的响应。三更天，四牛一起驾云巡视，大家说笑打闹，好生快乐。不想老三一头撞上四弟的肚子，一头跌落凡间。

惊叫声惊醒了老牛将军，睡意蒙眬飞奔查看。只见三牛因为老四的跌落打得不可开交，急忙上前制止，不料却因牛角与弟兄们缠在一起不能解脱，四牛尽数跌落人间。

Part 5 观赏石鉴藏

观赏石是最具沧桑感的古物、是大自然的赐物、是祈福的祥物、是通灵的神物、是充满魅力的饰物、是文化的载物、也是收藏的宝物。它丰富的文化特质，日益受到收藏界的关注与青睐。中国的赏石文化，有着极为深邃的文化传承。观赏石缺少了文化内涵，将失去收藏价值；赏石收藏的精致理念，也是收藏价值的保证。

观赏石鉴赏

什么是鉴赏？现代汉语词典的解释是"鉴定和欣赏"。鉴定就是对优缺点进行鉴别和评定，鉴别就是辨别真伪与好坏。欣赏就是"享受美好的事物，领略其中的趣味。"观赏石鉴赏，就是辨别真伪，享受观赏石给我们带来的喜悦，领会其中的韵味（意境），进而变石德为己德，追求高尚人生。

一、观赏石的鉴赏标准

随着人类社会的不断发展，自古以来，观赏石的鉴赏标准也发生变化，在原来的"皱、漏、瘦、透、丑"（图5-1）基础上又增加了"色、质、形、纹、韵"，在观赏石的鉴赏水准、意境等诸多方面有了很大程度的提高。

皱：皱纹，是观赏石在成型初期因自然收缩或经自然水流、风沙冲刷而形成的一凹一凸的条纹。

漏：观赏石有孔或缝，使水或其他物体能滴入、透出或掉出。

瘦：（跟"胖"或"肥"相对），是指观赏石的形体或某一部分狭小或单薄。

透：（液体，光线等）渗透；穿透：透水、透亮，特指观赏石的穿透、通透、通空灵巧等。

丑：丑陋，难看。特指其怪异，与众不同。

▲ 图5-1 灵璧石—具皱、漏、瘦、透、丑的特点

色：色彩、颜色，指观赏石原本具有的天然色彩和光泽（图5-2）。

△ 图5-2 鸡血石

质：性质、本质、品质。特指观赏石的天然质地、结构、密度、硬度、光洁度、质感等，也指观赏石的质量和大小。

△ 图5-3 云纹石

形：形态、形状、结构状态等，这里特指观赏石的天然外形和点、线、面组合而呈现的外表。

纹：纹理、痕迹，指观赏石表面呈线条、图案的花纹（图5-3）。

韵（声）：是声响、声音，指观赏石通过叩击或摩擦振动所产生的声响和声音，更指涵盖"韵味、神韵、韵律"之意。神韵、韵味（图5-4）是观赏石的灵魂和生命，一块没有韵味，神韵贫乏的观赏石是没有生命力的。

图5-5所示的"中国四大奇石"就是观赏石"色、质、形、纹、韵"的充分体现。

△ 图5-4 长江石

东坡肉

岁月

中华神鹰

小鸡出壳

▲ 图5-5 中国四大奇石

二、观赏石的鉴赏方式

不同的赏石方式，会引导鉴赏者步入不同的境界。目前在观 赏石界有几种观点，有人根据多年的觅、藏、玩、赏之经验，将观赏石分为四种鉴赏方式，可以使人们达到四种不同的境界：一是观石；二是品鉴；三是笔鉴；四是悟鉴。而以刘清明等为代表的鉴赏家认为，目鉴、手鉴、耳鉴、鼻鉴、心鉴等对于观赏石鉴赏十分重要。

1. 目鉴

通过目鉴主要是鉴赏观赏石的造型、颜色、纹理、体量，品其瘦漏透皱之秀、五彩缤纷之色、变幻无穷之纹、大小雄奇之体、点线面之协调。通过目鉴，观赏石的主要特征一目了然。目鉴能见到石的画境美。如玲珑俊俏、溶洞奇观、人物山水等。目鉴还能直接观赏感知美，即印象美或画境美。

观赏石鉴赏者依照自己的知识水平、爱好和情趣出发，把观赏石中固有的质、形、色、纹等客观存在的事物作为观察对象，形成一些直接感知的印象。如质地坚硬、颜色美丽清晰及人物、山水的形象等。

目鉴得到的是属于第一层次的直接观感阶段，引人步入感知美（*形象美或画境美*）的境界。但仅有形象或感知美而没有意境美的观赏石，则属于下品或外品。

2. 手鉴

即"手玩"，就是拿在手上欣赏。观赏石和宝石、玉器、鼻烟壶、紫砂壶、小型古董等其他收藏品一样，可以被收藏者反复长久地摩挲。观赏石的湿润或枯涩、粗糙或致密、坚硬或脆碎、石体轻或重等石质特点，通过触摸可以了解得更加清楚。

3. 耳鉴

就是用耳朵去听，用耳朵对观赏石的声音进行辨别。

能够悦耳的观赏石毕竟很少，但我们绝不会放过对每一块观赏石弹奏的机会。四大名石和新出现的各种名石中，各种不同的石头有不同的声音。灵璧石"声如铜色如玉"；英石"其佳者质温润苍翠，扣之声如金玉……色枯槁，声如击朽木，皆下材也。"；柳州的青铜石有"嗡嗡"之声，似槌击青铜器后发出的袅袅余音（图5-6）；黄河中游的木鱼石，内有空腔或粉末，摇动时亦作响。

🔺 图5-6　柳州青铜石

一般而言，声音清越者，则细腻坚挺，常有光泽，少有奇特造型。无金属之声而音沉闷者，石质粗脆，石色暗淡者，玲珑之躯。

4. 鼻鉴

就是用鼻子闻，从而品评不同观赏石的特殊气味。当然，不是所有的石头都有明显的气味。只有对那些味道明显的观赏石，鼻鉴才有特殊的功效。

丰富的自然界无奇不有，因此能散发气味的石头并不罕见。有些矿物晶体自身拥有特殊的气味，偶然间寻得一块沁人心脾之石，其特异的价值必将非同小可。

5. 心鉴

就是用心去感受体会。心鉴是观赏石鉴赏的更高境界和最终归宿。所谓"形象三分，心缘七分"，此之谓也。

心鉴，是当我们赏石逐步从感性转向理性的时候，更多地带有哲理的意味，即欣赏美更多地从"大象无形，大成若却，大美不言"上去体会。一个真正的赏石家，还能够通过鉴赏观赏石，达到培养自身浩然之气的境界。

心鉴是休闲方式之一，就是一个人静静地去赏石、品石，与大自然倾心交谈。因为每一块赏石都写满了大自然沧桑的传说，要用心去解读。

心鉴是既可把观赏石当作审美活动的客体，也可以看作情感交流的对象，于是鉴赏者便在意念上赋石以灵性和生命力，将石人格化，视为挚友，寄托情怀，

用心感悟。

6. 品鉴

可以见到意境美。通过对石的仔细观赏，它可以激发人对石的情感，产生美的意念，美的思想，领会到景有尽而意无穷的境界。

将观赏石置于案几、厅堂、花园中由观赏石的色、质、纹、形所组成的几何多面体，使人产生了立体感、层次感、肌理感、疏密感，特别是雨花石，更具有绚丽感和晶莹剔透感。

这种感觉的综合过程，使得原先存储于大脑中的审美观和各门知识发挥作用，使人进一步产生了雄健感、纤巧感、笨拙感、浑厚感、玲珑感、清秀感、丑陋感、古朴感、刚柔感、韵味感、朦胧感等感觉，令人幻想和神游，直至提升归真为一种雅趣和意境。

品鉴是对观赏石艺术内涵的发掘和理解。品鉴要用艺术的慧眼对观赏石进行深入认真的揣摩，筛选出主体美的内容，并对其内涵作进一步认识和具体的理解，逐步达到理性认识，进入一种意境美的境界。

品鉴可得韵味之境，意象之境，能知其骨肉，深入精髓，不仅观其貌，而且，动之以情，晓之以理，品之以格，赏

之其德。

观赏石的鉴赏是人们对观赏石艺术形象的感受、理解和评判的过程。人们在鉴赏过程中的思维活动、感情活动、一般都从艺术形象的具体感受出发，实现由感性阶段到理性阶段的认识飞跃，既受到观赏石艺术作品的形象、内容的制约，又要根据自己的经验、艺术观点和艺术兴趣对形象加以补充和丰富。离开人们的鉴赏活动，观赏石作品便无从发挥其社会作用。

观赏石收藏

"春播、夏锄、秋收、冬藏"是人们为适应自然规律而创造的生存原则，始于生活必需物质的收藏，一旦吃饱肚子以后，收藏的东西虽然依然是物质，但却赋予文化内涵，收藏历史，收藏艺术，收藏精神食粮。随着人类物质文明的提高，精神文明的需求也越来越强烈，被收藏的对象越来越多。与传统的书画、钱币、邮票、瓷器等大众收藏品相比，观赏石收藏的普及时间虽晚，但前景广阔。收藏实际上是赏石的延续，是人的文化品位的整体体现。收藏稀有的融艺术性和科学性为一体的观赏石已成为一种高雅的时尚和一种高层次的享受。20世纪70年代以来，藏石热在西方发达国家及新加坡、日本、韩国、港澳台地区迅速兴起，近年来更是达到前所未有的高潮，已成为一个独立的产业。我国有些地区也开始出现观赏石的收藏和经营热潮，且发展迅猛。

一、观赏石收藏的基本原则

观赏石自然美的具体表象是形、质、色、纹、韵等，这也可以说是鉴赏（审美）的基本要素。当然，对于不同种类的观赏石来说，要求并不完全一样，不能一概而论，生拉硬套去比较。但收藏中总应有个基本原则，即对某块观赏石来说，它是否能称为精品，让人叫好，这就要综合起来看其品相，要把握几个共同的原则。

1. 完整性

即石体完好无损，没有天生的缺陷或人为的破坏。若形体残缺，有断裂、磨损、缺角、蚀坑等，身价会大减。

2. 完美性

即形态、造型、图案等完美。组成（构造）部分俱全，符合标准（即形似之相比物体特征）；布局和层次搭配合理；形、质、色、纹、韵合乎要求，甚至兼而备之皆优。抽象者另论。

3. 生动性

即形态、画面展示生动，不呆板，给人以"栩栩如生""活灵活现"的感觉。矿物晶体生机盎然；古物虽死犹生，动感强烈；造型石、图文石中的形象表现生动活泼。

4. 神韵性

即有意境、有韵味、能传神。品赏中能产生情与景、意与境的相互交融。具有强烈的感染力，使你浮想联翩，唤发起创作灵感和探索自然奥秘的欲望，感性认识和理性认识进一步深化。

观赏石品种数量很多，要明确自己所要收藏的方向，选择主题和石种，使自己收藏的观赏石无论在数量上，还是品位档次上，在某个品类、某个主题或某区域有一定的影响力。

传统的中国赏石具有典型的文人借物抒情，追求意境，寻求寄托的特点。由于历史年代、科技水平的局限，古人主要品赏形纹意境，缺少了对观赏石本质的成因机理等科学内涵的追求；而现代赏玩观赏石则在继承传统赏石观的基础上有所发展，矿物晶体、化石、陨石也成为观赏石的主要种类之一。观赏石的用途和赏玩方式更加广泛，打磨的大理石、草花石切片等也挂在墙上，放在几案。赏石的思想境界增添了时代感，成果更为多样化。

赏玩、收藏观赏石不是简单的个人行为，而是个人融入社会的渠道之一，所谓"与石为友，以石会友"。采、观、品、藏是赏玩的一个过程，这个过程需要辅以题名、配座，需要参展鉴评、出版宣传，需要与人交流（即与资深收藏家交流、与地质专家交流、与文人艺术家交流），这样才能提高赏石水平，才有乐趣。同时，这个过程也是观赏石文化认知和观赏石价值提升的过程。

二、观赏石收藏的方法

1. 量力而行，持之以恒

任何收藏，都是以一定经济基础为基石的，要量力而行，从自己已有的经济条件起步，慢慢发展。可从采石开始，集腋成裘，"只要功夫深，不愁家无珍"。观赏石收藏是民众的事业，只要有信心，持之以恒便可以办到。

2. 不要贪多，精益求精

从起步开始，就要树立精品意识，

宁少勿多，宁精勿滥。否则，弄得家中处处皆石，连下脚的地方都没有，就不好了。

3. 一种为主，兼收并蓄

开始藏石时，可以一个品种为主，如阿拉善盟和巴彦淖尔市的观赏石爱好者和经营者，都从戈壁石起步，然后通过与石友互换、参展和贸易，经济实力增强了，凡喜欢的观赏石品种都可以收藏，实现兼收并蓄的目标。

4. 突出特点，专题收藏

作为普通藏石者，经济条件和摆放空间都十分有限，想"包打天下、全面开花"是不切实际的，可以突出自己的特点，搞专题收藏，如收集景观石、人物石、十二属相石等等，专题收藏是家庭石馆的特色，没有专题就没有特色，没有特色就没有生命力。

5. 加强研究、提高品位

收藏多了，对每块观赏石的来历不像当初如数家珍般熟练，可建立观赏石档案：何时从何地采来（或购来），石铭和石种，鉴赏要点等等。日积月累，赏石水平日渐提高，可以写成文章，配上照片，发表在观赏石报刊上，与石友共享你的喜乐和看法。熟能生巧，越研究越深入，不仅知其然，而且知其所以然，对观赏石爱之越深，请亲朋好友题诗作画，使你的家庭石馆文化品位越来越高，对石友的影响力和凝聚力也越来越大，体味"独乐乐不如众乐乐"的喜悦。

三、观赏石的保养

观赏石的采集、运输过程中，常会发生不小心碰破、损坏石肤石肌的事。如石伤较明显，可先用金刚石进行打磨、修理，再将原石放置于露天石架。石架最好不用钢铁塑料制品，以水泥制品为好。原石在石架上经受日晒雨淋，养护者定时浇水，时间一长，石肤自然风化，自然变色，直到整块观赏石的质感、色感方面完全调和为止，再迁入室内观赏。

除了有石伤的，其他观赏石新采集来，也应先在室外供养半年至一年时间，并每日浇水一两次。同时，为使风化度均匀，一个月左右应将观赏石翻一次面。

室内养石方法不少，适宜于水盘的观赏石一般可以用水养的方式。一两天浇水一次，使它经常保持温润而有生气。不宜一直喷水的观赏石经常用干布擦拭，使其保持整洁。除了水养，还有一种用油养的方法，有人认为油养可以保持石之光泽，避免石肤气化、风化。常见的石用保养油有凡士林、油蜡、上光蜡等，用绒布蘸蜡、油轻抹轻拭。也有将石蜡化成液体后涂刷观赏石的，应该避免上油蜡。虽然这类物质在短时期内可以使石之质地、色感更为突出，但也相对阻隔了石头的老化，因为油蜡会堵塞石头的毛细孔，会妨碍石头的呼吸，即妨碍它吸收空气中的养料，使石头久久不能呼吸，显得老气。而且，上油后的观赏石之光泽，有一种造作感，过重的油蜡还会阻止石头产生反潮现象，致使石之表面变得一片灰白，遮掩了石头的本来面目。总的看来，油养是得不偿失，不值得提倡的。

观赏石的价值高低与其出土流传年份极有关系，时间愈久，石头的色泽愈古朴归真，石体会发出成熟的幽光，这种难以确切言传的石表形象，行话称作包浆。包浆愈凝重愈好。包浆的形成，最主要原因当然在于长时期的辗转流传，但与藏主的关心爱护也很有关系。俗话说：养石即养心。有的藏石家喜欢将质优肤细形美的观赏石置于茶桌书案，在喝茶聊天或阅报看电视时以双手抚摩，使手气通过毛细作用渗入石肤、石体，久而久之，包浆渐起，令人愈加珍爱。

——地学知识窗——

包浆

"包浆"其实就是"光泽"，专指古物器物经过长年久月之后，在表面上形成一层自然的光泽。瓷器、木器、玉器、铜器、牙雕、文玩、书画碑拓等制品都有包浆。

Part 6 观赏石文化赏析

　　从文化形态和表现形式层面看，赏石文化是由"小中见大"的园林立峰（缩景艺术）渐渐与传统的诗词书画艺术联姻而登堂入室，供于几案，既养眼又养心的审美与励志相结合的一种雅文化。从哲学层面看，它是古代文人士大夫们以自己的文化自觉，避开了最原始的"神山神石有灵"的虚幻和世俗宗教崇拜而构建的"天人合一"（儒）"道法自然"（道）"以心传心"（佛）三教互渗，自然与人文溶为一体的传统文化，是"仁者乐山，智者乐水"的山水文化精神的延伸。

中国赏石文化历史

打开中国赏石文化的历史，我们会想起毛泽东的诗句："人猿相揖别，只几块石头磨过，小儿时节。"人类文明的奠定从石头开始，距今约几万年的先祖用过的石器工具或饰物成为我们今天搜寻的观赏石，它是人文初始的记载。

现代赏石界有一个比较普遍的认同，即赏石文化五个时期之说：新石器时代是萌芽时期；魏晋南北朝是兴起时期；唐宋是繁荣时期；明清是鼎盛时期；现代是新的发展（或说复兴）时期。这是一条脉络，交界则是模糊的，是继往开来的，也是传承创新的。因为文化是人类生活的反映，活动的记录，历史的沉积，是人们对生活的需求、理想和愿望，是人们的高级精神生活。所以，一定的社会经济发展决定一定的社会文化水平。

赏石文化的水平也是螺旋式提升的。原古洪荒时代的大山崇拜，甲骨文中对祭祀山岳的记载，封建诸侯对封土内山峦的崇拜在《山海经》《诗经》中可找到依据，岩画则传递了远古的信息。从夏、商、周三代开始了中国古文化的历史，国家的诞生，阶级的划分，标志着社会的进步，生产力的发展，赏石文化也有了新的内容。神山灵石的传说代表了人类群体的意志，如"女娲补天""禹生于石""启母石"等神话，都反映了当时人们的理念进化，从盲目崇拜到自主而为，从唯心论到唯物论，人类需要征服自然，国家需要文化支持。中国园林的起源是文化进步的产物，把山石搬进"囿"是赏石文化的萌芽初露。

秦皇汉武封建集权，国家经济发展和社会进步，赏石文化与时俱进。宗教信仰的产生，人们从自然崇拜转入神灵迷信，政治因素则大大促进了当时的信神声势，泰山封禅就是神化自然的典型，东岳大帝是泰山神的人格化，"泰山石敢当"是灵石崇拜的遗物。同时，中国园林文化进步很快，"一池三山"的布局手法，促进了山石景观的艺术提升，孤赏石和叠赏石相映生辉，成为一种园冶传统。

分久必合，合久必分。魏晋南北朝群雄割据，政局动荡，而人们在精神上却极自由、极解放。政治思想的多元化使得许多文人墨客、有识之士寄情山水、崇尚隐逸，"竹林七贤"就是当时的代表人物。山水诗、山水画和山水盆景的兴起，为中国赏石文化的进步打下了一定的基础，可以说是真正意义上的赏石文化。

隋唐是继秦汉后又一个昌盛时期，政治思想开明，百家争鸣，道、儒、释三家互尊，对赏石文化的影响极大。达官显贵、文人雅士爱石玩石之风蔓延，从庭院立峰叠山转到居室案供和掌玩小品观赏石。特别是一些诗人、画家为石写诗作画，赏石文化迎来一个新的高潮。五代南唐国主李煜爱玩石，藏有"宝晋齐研石山"和"海岳庵研山"名石；唐朝数任宰相牛僧孺虽与同僚李裕德有着党内之争但同有着爱玩石之习；李白、白居易、柳宗元、杜甫、阎立本等都对中国赏石文化贡献很大，开启了"文人石"的时代。

宋代是中国封建社会大发展的时期，赏石文化进入鼎盛时期的显著标志有很多。"文人园林"充分反映写意山水的新水平；皇家园林"寿山艮岳"是一个划时代的园林作品；宋徽宗不惜国力搜罗奇

花异石，"花石纲"恐怕创下了当时石头搬运的新纪录；杜绾《云林石谱》是中国第一本赏石专著（图6-1）；米芾最早提

图6-1　云林石谱（中华书局）

——地学知识窗——

一池三山

是中国一种园林模式，并于各朝的皇家园林以及一些私家园林中得以继承和发展。三山指神话中东海里的蓬莱、方丈、瀛洲三座仙山，并有仙人居之，仙人有长生不老之药，食之可长生不老，与自然共生。

出了"瘦、漏、透、皱"四要素作为太湖石的赏石标准等。就赏石文化而言，唐宋是很难分界线的，士大夫玩石的风气大大推动了玩石活动和赏石理论的大发展。

元、明、清时期，生产力的发展越来越好，但凡太平盛世，国泰民安，皇家园林和民间园林发展迅速，不仅仅是皇帝、士大夫造园置景，一些地方财主也附庸风雅大造私家花园。许多立峰名石被采集作为园林的景观标志，许多造园专著和石谱相继问世，许多写石诗画精彩纷呈、造诣高超，中国赏石文化达到全新的高度。

民国至今，世道多变，赏石文化随波逐流，漂浮不定，一个新的赏石文化高潮是在"文化大革命"结束之后掀起的。以人民大众为主流的新赏石文化取代了封建文人士大夫为主流的旧赏石文化。特别是改革开放以后，国民经济发展迅猛，人民生活富裕起来，爱石玩石蔚然成风。其具体表现在赏石队伍不断扩大、赏石社团大量涌现、赏石新种相继开发、赏石市场流通活跃、赏石展事到处开办、赏石流派川流不息、赏石理论生机勃发，一派欣欣向荣的景象。最值得一提的是赏石界认同的新的赏石标准：形、质、纹、色，更具艺术性、知识性、娱乐性，是对"瘦、漏、透、皱"赏石标准的继承发展。

中国赏石文化理念

中华国学一方面滋生于华夏广袤的土壤，在文明进步的过程中发育成长，一方面支配着泱泱国度的政治、经济、文化、军事的发展和方向，赏石文化也囿于其中，深受国学影响。

中华上下五千年的文明历史，写就了庞大的"国学"体系结构。狭义的国学是指以儒学为主体的中华传统文化与学术。现在一般提到国学是指以先秦经典及诸子学为根基，涵盖了两汉经学、魏晋玄学、宋明理学和同时期的汉赋、六朝骈文、唐宋诗词、元曲与明清小说，及并历代史学等一套特有而完整的文化、学术体系。因此，广义上中国古代和现代的文化和学术，包括历史、思想、哲学、地理、政治、经济乃至书画、音乐、数术、医学、星相、建筑等都是国学所涉及的范畴。

我们可以在国学所涉及的范畴，找到赏石文化的痕迹。因为，中国古代以文人士大夫为主流的赏石文化，其思想根源离不开以道儒释哲学为主体的背景，其审美理念起源于对自然山水崇拜的情怀，特别是中国的"文人石"时代。

赏石"人格化"是典型的文化风格，例如："精诚所至，金石为开"（王充）"义心若石屹不转，死节如石确不移"（白居易）"独有伤心石，埋轮月宇间"（杜甫）"主人得幽石，日觉公堂清"（杨巨源）"我具衣冠为瞻拜，爽气入抱痊沉疴"（蒲松龄）等等。

赏石"艺术化"是独到的文化造就，例如："三山五岳，百洞千壑，视缕簇缩，尽在其中"（白居易）"五岭莫愁千嶂外，九华今在一壶中"（苏轼）等等赞美大好河山、寄情胸怀志向的诗句太多。在林林总总的赏石诗画大观中，我们可以找到一条主线，那就是以中华传统的核心哲理"仁义礼智信"和"温良恭俭让"为内容的思想，一直绵延不断。

赏石是一门艺术，属于文化范畴。赏石知识所涉及的文化知识领域是很广泛的，上至天文、下达地理，纵观历史、横

听哲学，粗分实用、细缕美术。中国赏石文化的集大成在于"东方式"园林建筑，园林建筑中的点睛之笔在于孤峰磊石景观，孤峰磊石景观的审美机要在于"瘦、漏、透、皱"（图6-2）。造园艺术所要求的科学文化知识是既广又深的。中国明末造园家计成，在亲自打造假山工程的基础上，写成了中国最早和最系统的造园著作《园冶》，享誉至今。中国的皇家园林更是了不得，其中天工的名峰和人工的景山，是我国能工巧匠的智慧结晶，是我国

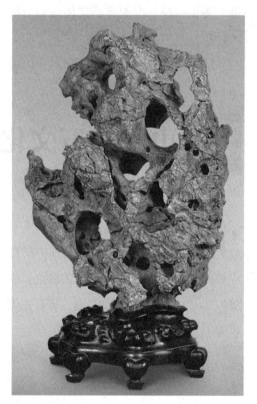

▲ 图6-2 太湖石

赏石文化的艺术精髓，例如颐和园、避暑山庄、圆明园、海晏河清、河园和泰富长安城。走进中国的园林，北方皇家的大气恢宏，南方私家的小巧精致，放眼是满目山水秀丽，静心是细听柳拂莺鸣，抒怀是一腔诗情画意，这就是师法国学的赏石文化的精妙绝伦之处。

现代中国人赏石的理念是带有许多传统文化色彩的，特别是根植于民间的习俗很难改变。在赏石方面，我们对于山水景观的钟爱有加；我们对于人物奇石喜欢佛祖、弥勒、八仙和历代名人；我们对于动物则喜欢十二生肖、龙凤、貔貅、瑞兽等；我们为奇石配座也是传承古法，雕刻一些吉祥如意之物，如灵芝、云水、寿桃、蝙蝠、须弥、回纹等；我们为奇石题铭，一般采用诗句成语，用词美妙，意境高雅。中国古代赏石理论为中国现代赏石理论奠定了厚实的基础。但是，俞莹先生有一段序言说："不错，我们已经拥有了前无古人的赏石群体，我们也发掘出了更多的奇石品种和精品，但是，我们似乎还缺乏古人的那种淡泊功利的境界，缺乏一种文化艺术涵养的滋润，缺乏那些足以传颂不朽的赏石名篇佳作。所以厚今不薄古，温故而知新，也许正是我们赏石界目前应持有的态度。"许多赏石界人士呼吁中国赏石理论体系亟待完善，需要探讨的学术问题太多，我们要担负起天下的责任，把赏石文化的路子越走越宽。

中外赏石文化的差异

曾经有人问起，国际赏石分为以天然岩石为主要审美对象的中国赏石文化和以矿物晶体、化石为主要观赏对象的西方赏石文化，那么两者的差异在哪呢？

宽泛一点说，前者是属于人文科学，后者则属于自然科学。我国赏石注重主观体验，形象思维，讲求诗情画意；西方赏石则强调直观感受，逻辑思维，探究成因机理。我国赏石提倡抚玩品赏，人石交融；而西方赏石只适远观陈列，不宜近取把玩。两者的截然不同，是因各自的自然环境、文化背景乃至生活习惯诸方面的差异而造成的。

我国赏石诞生于中国的魏晋时代，成熟于唐宋时代，并进而影响至东南亚诸国和地区。它是封建社会发展到鼎盛时期而产生的，是由文人士大夫倡导而发扬光大的一种雅文化。观赏石最早是以园林立峰的形式出现，进而变成案几的清玩，手中的把玩，是人们缩短与大自然对话距离的一种表征；它又是一种视觉艺术，观赏石往往被视作雕塑（雕刻）和绘画（国画）乃至文艺（诗文）作品来评判，被誉为不朽的景、立体的画、无言的诗，变成了一种艺术样式；它还是一种发现和想象的艺术，使得每个人都会根据自己的阅历、学识和情趣来欣赏它，尤其是题名需要具备一定的历史文学艺术修养和丰富的想象力，更多的是表现为一种个性化、个体化的审美体验，当然这也并不排斥有些大家公认的标准和精品。

反观西方赏石，它的诞生距今不过二百年时间，它是资本主义工业时代发展至鼎盛时期的产物，是基于工业革命时诞生的矿物学、岩石学和古生物学等科学理论而产生的。所以，西方赏石从一开始便有科学的理论做指导，倡导者也是以从事自然科学的工作者和博物馆为主，是一种理性化的收藏活动，它更注重观赏石本身的科学内涵，强调美感与科学的统一，注重观赏石形成机理的探究，如物质组成、化学成分、结构构造、产出特征等，重视其学术科研价值，按科学眼光和思维评价其观赏性与艺术品位，这与我国赏石强调的艺术化欣赏是有着本质的区别的。如果说我国赏石只是知其然，浅尝辄止的话（我国传统赏石很少去探究其地质作用和成因），那么西方赏石便是知其所以然。西方赏石强调直观视觉，并无深厚的文化积淀，富于含蓄、想象的题名是绝无仅有的，比如中国南京的雨花石玛瑙（图6-3），在绝大多数欧美人眼中便是普通的玛瑙质卵石而已，富于诗情画意的想象和题名难以引起他们的共鸣。

我们知道，世界上有两大文化体系对人类的影响最大：一个是以古中国、印度为代表的儒、道、释文化，即东方文化；另一个是从古希腊系统过来的、以欧美为中心的近代西方文化。毫无疑问，这两大文化体系就决定了中外双方赏石文化大背景的差异性。

从哲学的角度来看，我们的赏石观的倾向很明显是唯心的，认为石头是有生命的东西，笃信天人合一，人与石能够和谐共存；而西方人却普遍认为石头并无什么生命，只是独立的一个客体，无法沟通，其赏石观的倾向显然是唯物的。

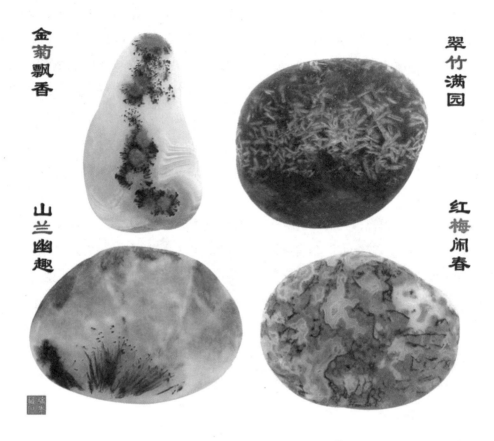

金菊飘香

翠竹满园

山兰幽趣

红梅闹春

🔺 图6-3　富于诗情画意的雨花石

从文化的角度来看，我们的赏石观的基础是古代的道家、儒家、佛家等人文科学；而西方人赏石观的依托则是近代的天文、地理、生物等自然科学。

从心理的角度来看，我们的赏石观属于内向型的，赏石过程似乎是情感的向心力在起决定作用；而西方人的赏石观是外向型的，其思维运行的轨迹是离心力在表现。

从美学的角度来看，我们的赏石观是典型的唯美主义，追求一种心灵美的精神大境界；而西方人的赏石观大都是崇尚自然主义，致力于探秘心灵以外的物质世界。

从认知的角度来看，我们的赏石观偏向感性，因此最讲究重形象、重色彩、重纹路，重写意；而西方人的赏石观更偏于理性，所以喜欢去探本质、探结构、探机理、探奥秘。

从价值取向的角度来看，我们的传统赏石观是以道德为主线，让清供、揣摩、感悟、把玩贯穿于其中，以享受生活，丰富自己的精神世界为目的；而西方人的赏石观大都以利益为先导，去收罗、交换、拍卖、流通，以获取较大的商业价值为终结。

通过以上六点透视，我们知道中外赏石观的差异性是客观存在的。值得强调的是，目前中国似乎正处于东、西方文化汇流的瀑布口，百万赏石者的传统观念将会发生前所未有的激变。可以预料，今后东、西方的赏石观不再会像目前的彼此孤立和互相排斥的状况，其发展趋向必将是海纳百川的交融式，即你中有我、我中有你。这将是一个质的飞跃，也是符合历史辩证法的。因为赏石文化毕竟隶属于人类文化的一个小分支，并非是某一个国度和某一种民族的专利品。

在经过对东、西方赏石观进行比较和思考后，我们就会察觉到，这两种赏石观其实并不存在什么高雅庸俗之分或先进落后之别，它们本来就是互为依存的一个整体，是人类赏石文化的坐标。试想，中外赏石者如果都能够奉行鲁迅先生"拿来主义"的精神，相互取长补短，星球上共觅知音，多举办像美国图森那样的大型石展，荟萃赏石文化的珠光宝气，岂不是一件好事！

参考文献

[1]裘伟明. 中国赏石文化内涵之探讨[J]. 上海国土资源, 2010(1): 58-63.

[2]何松. 中国观赏石与文化[J]. 资源环境与工程, 2008, 22(1): 120-124.

[3]中国观赏石协会. 中国观赏石[M]. 北京: 地质出版社, 2006.

[4]乐昌硕. 岩石学[M]. 北京: 地质出版社, 1984.

[5]李胜荣. 结晶学与矿物学[M]. 北京: 地质出版社, 2008.

[6]郭颖. 观赏石收藏鉴赏指南[M]. 北京: 北京联合出版公司, 2014.

[7]徐孟军. 山东奇石[M]. 济南: 济南出版社, 2003.

[8]徐孟军. 刘来由. 杨鉴清. 山东奇石文化[M]. 济南: 山东省地图出版社, 2015.